D1663478

Harro Zimmer

SATURN

Harro Zimmer

SATURN
Aufbruch zum Herrn der Ringe

In Zusammenarbeit mit der
ESA (European Space Agency)

PRIMUS
VERLAG

Die Deutsche Bibliothek verzeichnet diese Publikation in der
Deutschen Nationalbibliographie; detaillierte bibliographische
Daten sind im Internet über http://dnb.ddb.de abrufbar.

© 2006 by Primus Verlag, Darmstadt
Gedruckt auf säurefreiem und alterungsbeständigem Papier
Einbandgestaltung: Jutta Schneider, Frankfurt
Einbandmotiv: Saturn, aufgenommen vom Hubble-Weltraum-
teleskop am 22.03.2004, image credit: NASA, ESA und
Erich Karkoschka (University of Arizona)
Layout und Prepress: schreiberVIS, Seeheim
Printed in Germany

www.primusverlag.de

ISBN-10: 3-89678-281-9
ISBN-13: 978-3-89678-281-6

INHALT

VORWORT

Der 14. Januar 2005 wird als einer der wichtigsten Meilensteine der Planetenforschung in die Geschichte der Eroberung des Weltraums eingehen. Zum ersten Mal landete auf dem Saturnmond Titan eine von Menschen gebaute Sonde: die von der Europäischen Weltraumagentur ESA konstruierte Huygenssonde. Nach den Vorbeiflügen der Pioneer- und Voyagersonden am Saturnsystem, die uns erste „Schnappschüsse" dieser faszinierenden Welt sandten, haben wir mit der NASA/ESA Cassini-Huygens-Mission die detaillierte Untersuchung dieses Systems begonnen. Obwohl Cassini noch einige Jahre seine Bahn um den Saturn verfolgen und dabei fast alle Monde aus nächster Nähe untersuchen wird, haben wir schon heute so viele Erkenntnisse gewonnen, dass sich ein neues Bild des Saturn, seines komplizierten Ringsystems und der Verschiedenartigkeit seiner Monde abzeichnet.

Das Saturnsystem ist ein Planetensystem im Kleinen, und nur wenn wir solch ein System verstehen, können wir Aussagen über unser Sonnensystem als Ganzes machen. Und das ist ja das Faszinierende an der Planetenforschung – indem wir die anderen Mitglieder der Familie im Sonnensystem näher kennen lernen, erfahren wir neue Details über die Entwicklung unseres Heimatplaneten und auch über die speziellen Bedingungen, die die Entwicklung des Lebens auf der Erde ermöglicht haben. Vergleichende Planetologie ist das übergreifende Thema, das hinter unseren Bemühungen steht, alle Planeten unseres Sonnensystems mit Raumsonden zu besuchen und ihre Geheimnisse zu enträtseln.

Das vorliegende Buch gibt einen hervorragenden Überblick über die Geschichte der Erforschung des Saturn, stellt sie in den kulturhistorischen Kontext und gibt eine detaillierte Übersicht über die verschiedenen Stufen der Erkundung des Saturn durch Raumsonden – vom „einfachen" Vorbeiflug bis hin zu den komplexen Orbitern und Landegeräten – mit Cassini-Huygens als dem vorläufigen Höhepunkt. Diese Mission gibt einen guten Eindruck davon, welche Faktoren zusammenspielen müssen, um solch ein Projekt erfolgreich durchzuführen. Aber auch die menschliche Seite ist nicht vergessen. Kurzporträts einiger der wichtigsten Akteure in der Saturnerforschung und vor allem bei Cassini-Huygens zeigen die verschiedenartigen Persönlichkeiten und Talente, die nötig sind, um Wissenschaftlerträume Realität werden zu lassen. Und sie zeigen noch etwas sehr Wichtiges für unsere schnelllebige Zeit, die oft auf den kurzfristigen Erfolg ausgerichtet ist: Es braucht eine Vision, viel Geduld und großes Durchhaltevermögen, um zum Ziel zu gelangen. Cassini-Huygens wurde Anfang der 1980er-Jahre konzipiert. Eine Idee, die von europäischen Wissenschaftlern an die ESA herangetragen wurde. Zusammen mit der NASA wurde die Idee in eine Raumfahrtmission umgesetzt, die für die ESA allein nicht durchführbar gewesen wäre. Mehr als 20 Jahre später haben wir die Ergebnisse – und das Warten hat sich gelohnt!

Gerhard Schwehm
Hauptabteilungsleiter für Missionen des Sonnensystems
Wissenschaftsdirektorat der Europäischen Weltraumagentur

Ein Blick
in die Geschichte

1 Durch dieses Teleskop betrachtete Galileo Galilei erstmals 1610 den Saturn.

Der Name jenes babylonischen Priesterastronomen, dem wir den ersten schriftlichen Hinweis auf Saturn verdanken, wird vermutlich für immer im Dunkeln der Geschichte verborgen bleiben. Er notierte, dass um das Jahr 650 v. Chr. der Mond den Ringplaneten bedeckt hat. Zweifellos war Saturn schon viel länger bekannt. Er ist ein auffälliges Objekt für das bloße Auge, und von den Fixsternen sind nur Sirius im Großen Hund und Canopus im Schiff Argo heller.

In der griechischen Antike stand Saturn für Kronos, den mythologischen Titanen, der seinen Vater Uranos entmannte, sich der Weltherrschaft bemächtigte und seine Kinder bis auf Zeus verschlang. Bei den Römern wurde Kronos mit Saturnus, dem altitalienischen Gott der Saaten und der Fruchtbarkeit identifiziert, also mit wesentlich freundlicheren Attributen. Von seinem Sohn Jupiter (Zeus) gestürzt, fand er Zuflucht in Latium. Dort nahm ihn Janus, Gott des Eingangs, der Türen und der Tore, freundlich auf. Unter ihrer gemeinsamen Herrschaft erlebten die Menschen das Goldene Zeitalter. Daran sollte das Fest der Saturnalien erinnern, begangen am 17. Dezember, verbunden mit einem Mahl auf Staatskosten. Ein schöner Brauch, aber leider längst in Vergessenheit geraten.

Bis ins frühe Mittelalter begegnet uns Saturn meist nur in astrologischem Kontext. Claudius Ptolemäus (100 – 160 n. Chr.) schreibt z. B. in seinem *Tetrabiblos* ("Viererbuch") um 130 n. Chr.: „Saturn wirkt kältend und in einem gewissen Grade austrocknend, weil er dem Anschein nach am weitesten von der Hitze der Sonne wie von feuchten Dünsten sich entfernt hält […] Von den Planeten bringt Saturn, wenn er östlich steht, Menschen von gelblicher Farbe hervor, von voller Gestalt, mit schwarzem gekräuselten Haar, großen Augen und mittlerer Statur." Wer sich davon nicht angesprochen fühlt, sollte bei Ptolemäus nachschlagen, wie man aussehen könnte, wenn der Ringplanet westlich steht.

Bis zum 13. März 1781, bis zur Entdeckung von Uranus durch Wilhelm Herschel, galt Saturn als der äußerste Planet eines Systems, das, so Aristote-

les (384 – 322 v. Chr.), von der Fixsternsphäre umschlossen war. Dieses Welt-
bild, zwar philosophisch bis ins Mittelalter hinein zählebig, erwies sich bald
durch messende astronomische Beobachtungen als realitätsfern. Die relativ
langsame Bewegung Saturns durch die Sternbilder des Tierkreises, er durch-
rundet ihn in knapp 30 Jahren, mag wohl die Ursache dafür sein, dass er in
der Diskussion um die Bewegung der Planeten, die seit Ptolemäus gelehrte
Geister aller Schattierungen bewegte, eine nur untergeordnete Rolle spielte.

Der Ringplanet wird interessant

Zu den historisch bedeutsamen Aufzeichnungen zählen die Beobachtungen
von Nikolaus Kopernikus (1473 – 1543): die Erste am 26. April 1514, als der
Planet auf einer Linie mit den Sternen in der „Stirn des Skorpions" stand.
Der Frauenburger Domherr notierte drei weitere Sichtungen, und zwar am
5. Mai 1514, 13. Juli 1520 und im Oktober 1527. Noch eine Notiz aus der
fernrohrlosen Zeit: Tycho Brahe (1546 – 1601) verzeichnet unter dem
18. August 1563 eine enge Begegnung von Saturn mit Jupiter.

Mit dem Fernrohr blickte erstmals Galileo Galilei (1564 – 1642) im Juli
1610 zum Saturn. Das Teleskop, optisch noch mangelhaft und nur 32fache

▼ 2 Rund alle 14 Jahre blickt man auf
die Kante der Ringe. Ein Phänomen, das
zuerst Christiaan Huygens richtig erkannt
hat und das in der Folge zur Auffindung
der meisten Saturnmonde führte. Die
beiden extremen Ringstellungen sind
hier eindrucksvoll mit dem Hubble-Weltraumteleskop dokumentiert.

Dezember 1994

Mai 1995

Vergrößerung bietend, zeigte einen verwirrenden Anblick: „Der Planet ist nicht allein, sondern besteht aus drei Himmelskörpern, die auf einer Linie stehen und sich nicht gegeneinander bewegen." Der Florentiner Gelehrte sah, das macht die Beschreibung deutlich, das Ringsystem. Die schlechte Qualität seines Fernrohrs ließ ihn den wahren Sachverhalt jedoch nicht erkennen. Im Dezember 1612 registrierte er das Verschwinden der „Saturnbegleiter". „Ich weiß nicht, was ich zu einer so überraschenden, so unerwarteten und so neuartigen Sache sagen soll", schreibt Galilei. Wie wir heute wissen, blickte er zu diesem Zeitpunkt genau auf die Ringkante. Merkwürdigerweise bleibt die nächste Kantenstellung 1626 unerwähnt. In den folgenden Jahren gibt es heftige Diskussionen unter den Beobachtern, die erstmals mehr oder weniger gute Teleskope erproben, was es denn mit Saturn und seinen merkwürdigen „Henkeln" auf sich haben könnte. Erwähnt werden muss aus dieser Zeit Pierre Gassendi (1592–1655), Philosoph, Mathematiker und Astronom. Von ihm stammt die erste bekannt gewordene Zeichnung von Saturn, vom 19. Juni 1633. Sie wird jedoch erst mit seinen anderen Werken posthum 1658 publiziert. Johannes Hevelius meint 1656, dass wir es mit zwei „Henkeln" am Planetenkörper zu tun haben.

Ein besonderes Kapitel in der „Saturnhistorie" nimmt das Universalgenie Christiaan Huygens (1629–1695) ein, der am 25. März 1655 nicht nur den größten Mond des Systems, Titan, entdeckt, sondern im Laufe der folgenden Monate auch das Rätsel der Saturnringe zumindest in erster Näherung lösen kann. „Als ich ständig meine Fernrohre auf Saturn richtete, fand ich einen anderen Anblick, als die meisten meiner Vorgänger früher zu sehen glaubten. Denn seine sehr nahen Anhängsel erscheinen mir nicht als zwei nahe Planeten [...] Er ist umgeben von einem dünnen Ringe, nirgendwo zusammenhängend, zur Ekliptik geneigt."

Spannend sind auch seine Aufzeichnungen im Zusammenhang mit der Auffindung von Titan. Sorgfältig prüft er, ob das Objekt vom 25. März nur ein Fixstern ist, der zufällig in der nahen Nachbarschaft Saturns stand: „Durch die Beobachtungen der folgenden Tage wurde jeder Zweifel zerstört, denn seitdem habe ich den neuen Planeten durch drei Monate hindurch, soweit es das heitere Wetter erlaubte, beobachtet und ihn meinen Freunden gezeigt, bald rechts, bald links vom Saturn; aus meinem Beobachtungstagebuch entnahm ich, dass seine Periode 16 Tage betrage [...] Wirklich entspricht die Zeit von 16 Tagen genau der Umkreisung des Planeten (Saturn)." In seinem 1659 erschienenen Werk *Systema Saturnium* gibt Huygens bereits eine erstaunlich zutreffende Zeitabschätzung für das Eintreten der Kantenstellung der Ringe ab, die sich alle 14 bis 15 Jahre ereignen soll.

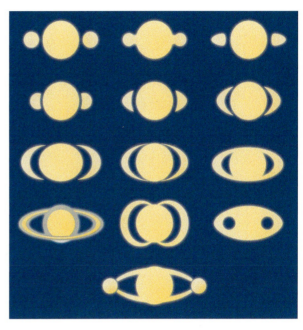

▲ **4** Saturn und sein Ringsystem, wie es Huygens 1659 in seinem Werk *Systema Saturnium* festhielt.

Im Jahr 1664 veröffentlicht Giuseppe Campani (1635–1715) Zeichnungen, die einen inneren Ring andeuten, später als Flor- oder Krepp-Ring bezeichnet, heute C-Ring genannt. Seine Skizzen zeigen auch erste Hinweise auf ein Wolkenband in der Äquatorebene des Planeten.

Das Zeitalter der systematischen Erkundungen beginnt mit Giovanni Domenico Cassini (1625–1712). Er übernimmt 1671 das Direktorat der Sternwarte der Französischen Akademie der Wissenschaften. Ein unpraktischer Prunkbau, an dem von 1667 bis 1672 gewerkelt wird, ausgestattet mit so genannten Luftfernrohren langer Brennweite, war nun der Ort, an dem ein bedeutsames Kapitel Entdeckungsgeschichte geschrieben wurde: 1671 findet Cassini den Mond Japetus und bemerkt seinen eigenartigen Lichtwechsel, ein Jahr später den Mond Rhea. 1675 beobachtet er eine deutlich sichtbare Teilung im Ring, die heute seinen Namen trägt und in die Literatur als Trennung für den A- und B-Ring eingegangen ist. Schließlich gelingt ihm 1684 die

Entdeckung der Trabanten Dione und Tethys. Es dauert dann noch über 100 Jahre, bis die nächsten Monde aufgefunden werden.

Giovanni Domenicos Sohn Jacques Cassini (1677–1756) weist 1705 als Erster darauf hin, dass die Ringe nicht fest sein können. Mit mehr theoretischem Fundament untersucht Pierre Simon de Laplace (1749–1827) um 1789 diese Behauptung: Eine starr rotierende Scheibe würde durch das Ungleichgewicht zwischen Gravitation und Zentrifugalkraft im Laufe der Zeit zerstört werden. Nur ein System aus vielen schmalen, konzentrischen festen Ringen – so Laplace – sei stabil. Sein Landsmann Edouard Roche (1820–1881), dem die Astronomie die berühmte Roche-Grenze verdankt, bei deren Unterschreiten ein sein Zentralgestirn umlaufender Himmelskörper durch die auf ihn einwirkenden Gezeitenkräfte zerrissen werden kann, vermutet bereits 1849, dass die Ringe durch die gravitative Zerstörung eines nahen Mondes entstanden sind. Erst 1865 liefert James Clerk Maxwell (1831–1879) den theoretischen Beweis, dass feste Ringe durch die Gravitationskräfte von Saturn zerrissen werden. Sie müssen also aus einer Viel-

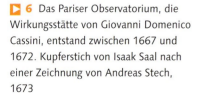

◢ 5 Giovanni Domenico Cassini (1625–1712). Gemälde aus dem Jahr 1879 von Duragel nach einem alten Stich. G. D. Cassini war der bedeutendste Planetenbeobachter seiner Zeit und Begründer einer Astronomendynastie.

▶ 6 Das Pariser Observatorium, die Wirkungsstätte von Giovanni Domenico Cassini, entstand zwischen 1667 und 1672. Kupferstich von Isaak Saal nach einer Zeichnung von Andreas Stech, 1673

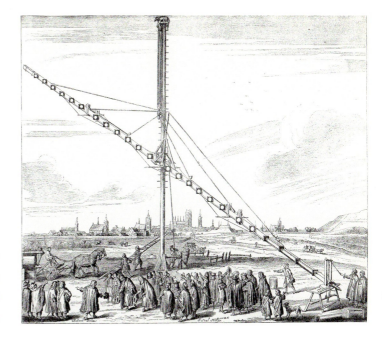

zahl kleiner Partikel bestehen. In die Galerie bedeutender Physiker, die sich mit dem Problem der Saturnringe beschäftigt haben, reiht sich 1911 auch Henri Poincaré ein, der auf die Bedeutung von gegenseitigen Kollisionen zwischen den Ringteilchen hinweist und feststellt, dass sie eine bedeutende Rolle in der Evolution des Ringsystems gespielt haben müssen.

▲ **7** Weit verbreitet waren im 17. Jahrhundert die so genannten Luftfernrohre langer Brennweite wie dieses von Johannes Hevelius (1611–1687). Ihre mechanische Instabilität erlaubte kaum präzise Beobachtungen.

Doch zurück ins 18. Jahrhundert: Ein anderer großer Beobachter erweitert unser Wissen über den Ringplaneten: Friedrich Wilhelm Herschel (1738–1822), Musiker und später Hofastronom des englischen Königs Georg III. Mit seinem neuen großen Spiegelteleskop in Slough bei Windsor sichtet er 1789 die planetennahen Monde Mimas und Enceladus und stellt fest, dass Saturn abgeplattet sein müsse. Das von ihm bestimmte Verhältnis von äquatorialem zu polarem Durchmesser von 11 : 10 ist annähernd richtig. Das trifft auch für die von Herschel ermittelte Tageslänge von 10 Stunden und 32 Minuten zu.

Sein Sohn John Herschel (1792–1871) leistet ebenfalls einen bemerkenswerten, heute etwas in Vergessenheit geratenen Beitrag: 1847 benennt er die bis dahin bekannten Saturnmonde, wobei er die Namen, Mitglieder des Titanengeschlechts, aus Hesiods (um 700 v. Chr.) Dichtung *Theogonie* entlehnt. Der größte Mond trägt seitdem den Namen der ganzen Sippe.

Wie ein „Who is Who" der klassischen Astronomie lesen sich die weiteren „Firsts": 1796 beobachten Johann Hieronymus Schröter (1745–1816) und Karl Harding (1765–1834) erste Details in der Saturnatmosphäre. Am 28. Mai 1837 entdeckt in Berlin Johann Franz Encke (1791–1865) eine schmale Teilung im A-Ring, die später nach ihm benannt wird. Der amerikanische Astronom William Cranch Bond (1789–1859) findet 1848 den auf einer stark elliptischen Umlaufbahn kreisenden Mond Hyperion sowie den Flor- oder C-Ring, der weitestgehend transparent ist. Um der historischen Wahrheit die Ehre zu geben: Auch der Engländer William Lassell (1797–

8 Im letzten Drittel des 18. Jahrhunderts hielten große Spiegelteleskope Einzug in die Himmelsbeobachtung. Obwohl sie schwierig zu handhaben waren, gelangen Astronomen wie Wilhelm Herschel (1738–1822) damit zahlreiche bedeutende Entdeckungen.

1880) sichtet im September 1848 Hyperion und übrigens auch unabhängig den C-Ring. Einen heftigen Prioritätsstreit gibt es nicht. Lassell kann immerhin die Entdeckung dreier Monde, Triton (Neptun), Ariel und Umbriel (Uranus), an seine Fahnen heften. In England schreibt man die Entdeckung des C-Rings als drittem im Bunde noch William R. Dawes (1799–1868) zu.

Bonds Sohn George Phillips (1825–1865) wird Nachfolger des Vaters als Direktor der Harvard-Sternwarte (Cambridge, Massachusetts), damals mit einem 15"-Zoll-Refraktor, gebaut von Merz & Mahler in München, als größtes Teleskop Nordamerikas ausgestattet. Von ihm stammen vermutlich die ersten Aufnahmen des Ringplaneten. George P. Bond versucht auch handfeste wissenschaftliche Beweise dafür zu finden, dass der Saturnring nicht kompakt ist. Schon damals ist klar, dass man es nicht mit einem Ring zu tun hat, sondern mit einem komplexen System. Als Ursache für diese Strukturen sieht Daniel Kirkwood (1814–1895), ein genialer Himmelsmechaniker, Störwirkungen durch die inneren Saturnmonde, womit er der Wahrheit sehr nahe kommt. In seinen zwischen 1866–1872 veröffentlichten Arbeiten macht er Mimas, Enceladus, Tethys und Dione für die Cassini- und Encke-Teilung verantwortlich. Seine grundsätzliche Arbeitshypothese hat auch im Licht jüngster Erkenntnisse Bestand.

Einen ersten Aufschluss über die physikalische Natur der Ringe liefert 1895 James Edward Keeler (1857–1900), in seiner kurzen Lebensspanne Direktor zweier großer Observatorien in den USA (Lick und Allegheny). In seiner berühmten Untersuchung *A Spectroscopic Proof of the Meteoritic Constitution of Saturn's Rings* zeigt er, dass die Ringe nicht wie ein starrer Körper rotieren. Die inneren Komponenten haben eine kürzere Umlaufzeit als die äußeren Bereiche, klar erkennbar an den Dopplerverschiebungen. Für

Keeler besteht kein Zweifel daran, dass sich die Saturnringe aus kosmischem Kleinmaterial zusammensetzen müssen. Direkt bestätigt wird dieser Befund mittels einer eindrucksvollen Sternbedeckung durch die Saturnringe am 9. Februar 1917. Bei der Ringpassage des Sterns BD +21° 1714 gewinnen englische Beobachter hier erstmals wichtige Informationen über die Transparenz der einzelnen Ringbereiche. Rund sechs Jahrzehnte später, mit dem

Giovanni Domenico Cassini

Der Astronom wurde am 8. Juni 1625 in Perrinaldo bei Nizza geboren, studierte an den Jesuitenkollegien in Genua und kam bereits 1650 auf den Lehrstuhl für Astronomie und Mathematik in Bologna. Für die damalige Zeit nicht ungewöhnlich, wurde Cassini zum Oberintendanten der Befestigungsanlagen der Zitadelle St. Urbino berufen und war später sogar für die Begradigung des Flusses Chiana verantwortlich. Dennoch war sein Ruf als Astronom schon so bedeutend, dass ihn 1667 Ludwig XIV., der „Sonnenkönig" (1638 – 1715), in die frisch gegründete „Académie des sciences" berief. 1669 wurde Cassini zum Direktor der Pariser Sternwarte, seit Jahren eine Baustelle, ernannt. Seine Arbeiten konzentrierten sich primär auf die Planeten und Kometen. Er war zweifellos mehr Praktiker als Theoretiker. Es ist erstaunlich, welche Entdeckungen Cassini mit den umständlichen, so genannten Luftfernrohren von extrem langer Brennweite gelangen, wie sie damals auch Johannes Hevelius (1611 – 1687) in Danzig benutzte; Teleskope ohne Tubus, mit langen Stangen und Masten für die Fixierung von Okular und Objektiv. Doch nicht nur die reine Himmelskunde, sondern auch z. B. die Figur der

Erdgestalt stand im Brennpunkt seiner Forschungen. Hier gab es eine interessante Debatte, die beide Namensgeber der großen Raumfahrtmission – Cassini und Huygens – betrifft. Huygens hatte 1669 der Pariser Akademie eine Arbeit vorgelegt, aus der letztlich hervorging, dass die Erde an den Polen abgeplattet sei. Cassini behauptete das Gegenteil: Die Erde sei vielmehr am Äquator abgeflacht, so wie es sich aus der Wirbeltheorie von René Descartes (1596 – 1650) herleiten ließ. Selbst nach dem Tod von G. D. Cassini, der inzwischen französischer Staatsbürger geworden war, verteidigte sein Sohn Jacques diese obskure Auffassung weiter.

Giovanni Domenico starb am 14. September 1712 in Paris. Jacques, nun Direktor der Pariser Sternwarte, setzte durchaus eigene wissenschaftliche Akzente. Zwei weitere Cassinis, als Nachfolger ihrer Väter, sollen nicht unerwähnt bleiben: César Francois Cassini de Thury (1714 – 1784) und Jean Dominique, Comte de Cassini (1748 – 1845). Sie alle haben – mehr oder weniger – ihren Beitrag zum Thema Saturn geleistet. Mit der französischen Revolution endete das Kapitel „Cassini" an der Pariser Sternwarte.

Christiaan Huygens

Geboren wurde der Physiker, Astronom und Mathematiker am 14. April 1629 in Den Haag. Er stammte aus einem berühmten Elternhaus. Sein Vater war nicht nur Geheimschreiber des Prinzen von Oranien, sondern auch ein berühmter Dichter und Komponist, der mit zahlreichen Geistesgrößen seiner Zeit wie René Descartes und dem Mathematiker und Musiktheoretiker Marin Mersenne (1588 – 1648) befreundet war. Obwohl Huygens schon früh ein herausragendes mathematisches Talent erkennen ließ, studierte er zunächst Rechtswissenschaft, um sich dann aber bald der Mathematik und Physik zuzuwenden. Rasch erwies er sich nicht nur als der Intellektuelle, der auch die philosophischen Grundlagen von der Antike bis hin zu seinen Zeitgenossen beherrschte, sondern auch als exzellenter Praktiker, der als 27-Jähriger die Pendeluhr erfand oder große Luftfernrohre baute. Die damals bereits bekannten mechanischen Räderuhren zeigten starke Gangunregelmäßigkeiten. Mit dem gründlich durchdachten Konzept des schwingenden Pendels, technisch umgesetzt durch seinen brillanten Uhrmacher Samuel Coster, wurde Huygens zum Wegbereiter der physikalischen Zeitmessung. Er galt als der bedeutendste Mathematiker seiner Zeit. Lange Jahre hatte er seinen Wirkungsmittelpunkt in Paris und kehrte erst 1681, schwer erkrankt, nach Den Haag zurück. In der französischen Metropole ist er G. D. Cassini auch persönlich begegnet. Selbst ohne seine Arbeiten zu Saturn und Titan wäre Huygens mit seinem breit gefächerten Werk als Genie für Mathematik und Physik in die Annalen eingegangen. Man denke nur an seine Theorie zur Wellenausbreitung oder die Entdeckung der Polarisation des Lichts. Christiaan Huygens starb am 8. Juli 1695 in Den Haag.

Einsatz von Raumsonden gelangt diese Technik zu neuen Ehren und vermittelt verblüffende und unerwartete Einsichten in die Natur dieses komplexen Systems.

Ein neues Hilfsmittel – die Fotografie

Mit dem beginnenden Einsatz der Fotografie in der Astronomie gegen Ende des 19. Jahrhunderts kommt es zur Auffindung eines Mondes, der sich als eines der interessantesten Forschungsobjekte im Saturnsystem entpuppt: 1899 gibt William Henry Pickering (1858 – 1938) die Entdeckung des weit vom Planeten entfernten Satelliten Phoebe bekannt, gefunden auf Platten, die er 1898 aufgenommen hatte. Wie sein weitaus bekannterer Bruder, der Astrophysiker Edward Charles Pickering (1846 – 1919), ist auch William an der Harvard-Sternwarte tätig. Schon damals erscheint Phoebe als seltsames Objekt, das den Planeten rückläufig mit hoher Bahnneigung umkreist. Von allen bis dahin bekannten Monden ist er der Einzige, der nicht während oder nahe der Kantenstellung der Ringe entdeckt worden ist. Sieben Jahre später, am 28. April 1905, teilt Pickering der erstaunten Fachwelt mit, dass er auf 13 Aufnahmen, entstanden zwischen dem 17. April und 8. Juli 1904, einen weiteren Mond gefunden habe, den er Themis nennt. Seine Berechnungen ergeben eine Bahn mit einer ungewöhnlichen Neigung (39,1 °), einer hohen Exzentrizität (0,23) und einer großen Halbachse von 1 457 000 Kilometern sowie einer Umlaufzeit von 20,85 Tagen in normaler Richtung. 1906 verleiht ihm die Französische Akademie der Wissenschaften den Lalande-Preis für seine Entdeckung „des neunten und zehnten Saturnmondes". Doch kaum ist die Tinte unter der Preisurkunde trocken, stellt sich heraus, dass kein anderes Observatorium Themis auffinden kann, und dabei ist es bis heute geblieben. Dass auch Himmelsbeobachtern der zweiten Garnitur ein solches Missgeschick passieren kann, scheint schon eher plausibel: Hermann Goldschmidt (1802 – 1866), ein deutscher Amateurastronom, der als Historienmaler in Paris lebt, hat mit einem kleinen Fernrohr zwischen 1852 und 1861 immerhin 14 Asteroiden entdeckt. Vielfach wird der als exzellenter Beobachter Gerühmte dafür ausgezeichnet und als er im April 1861 von der Entdeckung eines neuen Monds zwischen Titan und Hyperion berichtet, durchaus ernst genommen. Doch der neue Trabant, von Goldschmidt etwas vorschnell auf den Namen Chiron getauft, existiert ebenso wenig wie Themis.

Keine Ähnlichkeit mit der Erde?

In der zweiten Hälfte des 19. Jahrhunderts beginnt die Spektroskopie ihren Einzug in die Himmelskunde zu halten. Ein Pionier auf diesem Gebiet ist der Physiker, Astronom und Jesuitenpater Angelo Secchi (1818 – 1878), der

1850 zum Professor und Direktor der Sternwarte des Collegium Romanum berufen wird. Sein Schwerpunkt ist zwar die Physik der Sonne, doch er zeigt als Erster, dass sich das Spektrum von Saturn (und auch das der anderen äußeren Planeten) durch dunkle Absorptionslinien auszeichnet. Detailliert untersucht werden sie um 1909 von Vesto M. Slipher (1875–1968), der am Lowell-Observatorium (Flagstaff, Arizona) arbeitet und nicht nur 36 Jahre lang diese renommierte Sternwarte leitet, sondern auch für fast zwei Dekaden so etwas wie der „Vater" der spektroskopischen Untersuchung der Planetenatmosphären ist. Allerdings gelingt es Slipher nicht, den geheimnisvollen Bestandteil zu identifizieren.

Im Jahr 1931 schlägt Rupert Wildt (1905–1976), damals noch in Göttingen tätig, als Erklärung die Existenz von Methan und Ammoniak in der Planetenatmosphäre vor. Der explizite Beweis kommt von Theodore Dunham Jr. (1897–1984), der am Mount Wilson-Observatorium (Kalifornien) arbeitet und mit Hilfe des 2,5-Meter-Spiegelteleskops, des damals größten Fernrohrs der Welt, zwischen 1932 und 1939 nachweisen kann, dass die Absorptionen tatsächlich durch die beiden Komponenten entstehen. Langsam kristallisiert sich auch eine konkretere Vorstellung über die physikalische Natur von Jupiter und Saturn heraus, die sich vor allem an der geringen mittleren Dichte der beiden Planeten (1,33 bzw. 0,71 g/cm³) orientiert. Bereits 1923 zeigt der Engländer Harold Jeffreys (1892–1989), Geophysiker und Astronom, in einer eleganten Studie, dass es sich bei den Planetenriesen keinesfalls um werdende Miniatursonnen handeln kann, sondern dass wir es mit relativ kalten Objekten zu tun haben. Rupert Wildt, 1935 in die Vereinigten Staaten emigriert, legt 1938 das erste moderne Modell des inneren Aufbaus von Saturn vor. Er postuliert einen mineralischen Kern, umgeben von einem Eismantel, über dem sich die Atmosphäre befindet. Etwas kurios mutet im historischen Rückblick die 1943 von Erich Schoenberg (1882–1965), immerhin ein renommierter Astronom, verfochtene Hypothese an, wonach Jupiter und Saturn eine feste Oberfläche haben sollten.

Bis zum Ende des Zweiten Weltkriegs bleibt es in der Saturnforschung ruhig. Der Anblick des Planeten scheint im Vergleich zur eindrucksvollen Dynamik der Jupiteratmosphäre, so damals die zeitgenössische Einschätzung, geradezu langweilig. War das auf geringe Sonneneinstrahlung zurückzuführen – sie beträgt wegen des mittleren Sonnenabstands von 1427 Millionen Kilometern nur rund ein Prozent jenes Betrages, der auf die Erdoberfläche fällt? Berichte über plötzlich auftretende, temporäre „weiße Flecke" in Saturns Wolkenhülle wie der des Entdeckers der Marsmonde, Asaph Hall (1829–1907), vom 8. Dezember 1876 oder jener des englischen Amateurastronomen William T. Hay (1888–1949) vom 3. August 1933 finden in der Fachwelt nur wenig Beachtung.

Nach 1945 stammt der erste bemerkenswerte Beitrag zum Thema innerer Aufbau von Saturn von W. H. Ramsey und W. DeMarcus. Basierend auf den Erkenntnissen der noch jungen Hochdruckphysik, legen beide Forscher um 1951 Modelle für den inneren Aufbau von Jupiter und Saturn vor, die zwar ähnliche Züge zeigen, im Detail jedoch deutliche Unterschiede aufweisen. Im Zentrum des Ringplaneten steckt ein vergleichsweise kleiner Kern aus Gestein und Eis, der umgeben ist von einer Schicht aus – damals noch theoretisch postuliertem – metallischem Wasserstoff und Helium. Über dieser Region aus metallischem Wasserstoff liegt flüssiger Wasserstoff und schließlich die Atmosphäre, vorwiegend aus Wasserstoff bestehend, mit einem deutlichen Heliumanteil.

Titan – nur ein Objekt für Spezialisten?

Neben Saturn war auch Titan, allerdings weniger spektakulär, immer wieder Gegenstand der Forschung. Schon 1908 schließt der katalanische Astronom José Comas Solá (1868–1937) aus der so genannten Randverdunklung des Mondscheibchens auf das Vorhandensein einer Atmosphäre. Er beobachtet, dass die winzige Titanscheibe im Zentrum heller als am Rand erscheint.

Metallischer Wasserstoff – ein kurzer physikalischer Exkurs

Hier kommt die Quantenmechanik ins Spiel, mit der man das Verhalten von Atomen und Molekülen bei hohen Drücken beschreibt. Komprimiert man Wasserstoff so stark, dass die Abstände zwischen den Molekülen in der Größenordnung des Radius eines Wasserstoffatoms liegen, bleiben die Elektronen nicht mehr an einzelne Protonen gebunden. Nach dem so genannten Paulischen Ausschließungsprinzip können bei höher werdendem Druck die an Protonen gebundenen Elektronen ein entsprechendes kleineres Volumen nur dann einnehmen, wenn sie in höhere Energiezustände ausweichen. Es entsteht eine neutrale „Mischung" aus frei umherwandernden Protonen und Elektronen: Das Wasserstoffgas wird zu einem Metall mit den entsprechenden Eigenschaften. Der dazu notwendige Druck liegt bei etwa drei Millionen Bar.

▲ **10** In den neuen großen Teleskopen des Mc-Donald- und Mount Palomar-Observatoriums war andeutungsweise eine Titan-Atmosphäre von merkwürdig braunroter Färbung erkennbar. Was sie verbarg, blieb rätselhaft. Was hätte man um 1950 dafür gegeben, diese Voyager- Aufnahme von 1981 sehen zu können.

▶▲ **11** Saturn, aufgenommen in den fünfziger Jahren mit dem Fünf-Meter-Spiegelteleskop des Mount Palomar-Observatoriums (Kalifornien).

Die plausible Deutung: Sonnenlicht, das vom Rand des Mondes reflektiert wird, hat einen längeren Weg durch die Atmosphäre mit entsprechender Schwächung durch Absorptionsprozesse zurückzulegen als das reflektierte Licht vom Zentrum der Mondscheibe. Hat der Katalane die Randverdunklung wirklich gesehen und damit die Titanatmosphäre entdeckt? Leise Zweifel kommen auf. Er beobachtete auch Wolkenformationen auf den vier großen Jupitermonden. Wie wir heute wissen, existieren sie nicht. Immerhin aber dürfte seine Veröffentlichung 1925 für keinen Geringeren als James H. Jeans (1877 – 1946) den Anstoß gegeben haben, in seine Untersuchungen über Planetenatmosphären auch Titan einzubeziehen. Hier schätzt er anhand theoretischer Überlegungen ab, dass Titan durchaus eine dauerhafte Atmosphäre mit einer mittleren Molekularmasse von größer als 15 besitzen könnte.

Im Winter 1943/44 nutzt Gerard P. Kuiper (1905 – 1973), der vielleicht bedeutendste Planetenforscher seiner Zeit, erstmals ein neues Großteleskop, den 2,08-Meter-Spiegel des McDonald-Observatoriums in Texas, damals eine Sternwarte in der Wildnis, jedoch mit exzellenten Beobachtungsbedingungen. Unter anderem untersucht er auch das Spektrum von Titan und entdeckt die Absorptionsbanden von Methan bei 619 und 726 Nanometer. Auch einen schwachen Hinweis auf Ammoniak glaubte Kuiper gefunden zu haben. Methan, so seine erste Analyse, sei die dominierende Komponente in einer nicht sehr dichten Atmosphäre, die der des Saturns ähnelt. Wenn er später auf diese Kampagne zu sprechen kam, erwähnte er oft seine beiden „wichtigsten" Requisiten: eine starke Taschenlampe und einen schweren Schraubenschlüssel. Mit der Lampe wurden die weit verbreiteten Klapperschlangen aufgespürt, die mitunter selbst in der Teleskopkuppel zu finden waren, und dann mit dem Werkzeug erschlagen.

Große Hoffnungen setzt man nach dem Zweiten Weltkrieg auf das Fünf-Meter-Spiegelteleskop auf dem Mount Palomar (Kalifornien), auch für die Untersuchung der Mitglieder des Sonnensystems. 1954 inspiziert Kuiper mit dem größten Fernrohr der Welt auch Saturn. Sein Fazit: Nur die Cassini-Teilung in den Ringen ist eine echte Lücke, während die Encke-Teilung feines Material enthält. Alle anderen Ringe und Ringteilungen verweist Kuiper in das Reich der Legende. Aus heutiger Sicht eine etwas magere Ausbeute, nicht unbedingt ein Ruhmesblatt für den Forscher, oder waren ganz einfach die Erwartungen in den Fünf-Meter-Spiegel für diese Art von Beobachtungen zu hoch gesteckt? Hinsichtlich Titan korrigiert Kuiper seinen ursprünglich angenommenen Wert für den Methananteil deutlich nach unten. Für die orangerote Färbung macht er die Oberfläche verantwortlich in Analogie zum Mars.

Vor dem Raumfahrtzeitalter – eine Bilanz

Rund 350 Jahre visueller Beobachtungen und ein knappes Jahrhundert Fotografie: Das Wissen über Saturn hielt sich in den fünfziger Jahren des 20. Jahrhunderts dennoch in Grenzen. Seit langem bekannt war, dass die Rotationsachse um 26° 44' gegen seine Bahnebene geneigt ist. Deshalb zeigt, wie übrigens bei der Erde auch, während jedes Umlaufs – 29 3/4 Jahre – einmal die nördliche und einmal die südliche Hemisphäre zur Sonne. Da die Saturnbahn leicht exzentrisch ist, weist in ihrem sonnennächsten Punkt die Südhalbkugel zum Tagesgestirn. Dadurch ist der südliche Saturnsommer kürzer als der nördliche. Diese Asymmetrie bewirkt, dass wir während eines Umlaufs den Südpol des Planeten und die Ringe von unten nur 13 3/4 Jahre sehen können. In den restlichen 15 3/4 Jahren blicken wir auf den Nordpol und auf die Ringe von oben. Zweimal im Laufe eines Saturnjahres ist die Ringebene am stärksten gegen die Sichtlinie Erde – Saturn geneigt, wir erleben die größte Ringöffnung. Zur Zeit der Äquinoktien, der Tagundnachtgleichen, im Saturnfrühling und -herbst schaut man hingegen auf die hauchdünne, dann nur noch in größeren Teleskopen sichtbare Ringkante. Diese Zeiten wurden in der Vergangenheit inten-

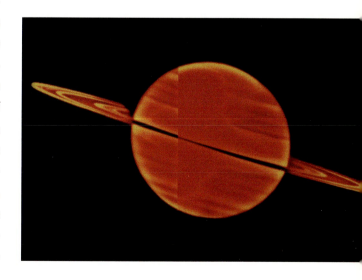

▽ 12 Saturn, gesehen mit dem Hubble-Weltraumteleskop. Die Eliminierung der Luftunruhe, bedingt durch die Erdatmosphäre und die elektronische Aufnahmetechnik, zeigt uns einen neuen „Herrn der Ringe" im Infrarot.

Der Saturn in Daten

Eine verkleinerte Ausgabe von Jupiter mit neun Monden, darunter ein großes Objekt mit einer Atmosphäre – so ließe sich das Bild von Saturn wiedergeben. Spezielles Interesse beanspruchte dieser Planet eigentlich nur durch sein Ringsystem von rund 270 000 Kilometer Durchmesser, so die Abschätzungen Mitte des 20. Jahrhunderts. Ein absolutes Unikat im Sonnensystem, wie es damals schien. Die wesentlichen Daten für den Planeten sind hier kurz zusammengefasst:

Große Halbachse der Bahn:	1433,53 Mio. km (9586 AE)
Maximaler Sonnenabstand:	1507 Mio. km (10 069 AE)
Minimaler Sonnenabstand:	1347 Mio. km (9008 AE)
Siderische Umlaufzeit:	29,46 Jahre = 10 759,24 Tage
Rotationsperiode:	10 Std. 39,4 Min.
Mittlere Bahngeschwindigkeit:	9,69 km/s
Achsenneigung:	26° 44'
Bahnneigung:	2° 29'22"
Bahnexzentrizität:	0,05665
Durchmesser (Niveau 1 Bar):	120 578 km (äquatorial)
	108 728 km (polar)
Scheinbarer Durchmesser	20,1" Bogensek. (Maximum)
von der Erde aus gesehen:	14,5 " Bogensek. (Minimum)
Masse, (Sonne = 1)	0,000285828
Masse (Erde = 1):	95,159
Mittlere Dichte (Erde = 1)	0,687 kg/m^3
Volumen (Erde = 1):	763,59
Fluchtgeschwindigkeit:	35,5 km/s
Schwerkraft (Niveau 1 Bar), (Erde = 1):	1,065
Mittlere Oberflächentemperatur:	−180°C
Abplattung:	0,09796
Visuelle geometrische Albedo:	0,47
Maximale Helligkeit:	0,43^m
Mittlerer Sonnendurchmesser, von Saturn aus gesehen:	3'22"

siv genutzt, um etwas über die Dicke der Ringe zu erfahren und nach neuen Monden zu suchen. Beobachtungsfakten der Oberfläche wurden – zumindest, was den Planeten selbst betraf – stets mit den Phänomenen und Erkenntnissen, die man von Jupiter erhalten hatte, verglichen. So waren auch auf Saturn eine Reihe heller und dunkler Bänder in der Atmosphäre bekannt. Im Gegensatz zu Jupiter sind sie in Helligkeit und Farbe kontrastarm. Helle und dunkle Flecken von unterschiedlich langer Lebensdauer, typisch für den Planetenriesen, fehlen auf Saturn fast völlig. Die Verfolgung der wenigen gut dokumentierten Objekte reichte für eine halbwegs genaue Bestimmung der Rotationszeit und für die Feststellung aus, dass sie zu den mittleren und höheren Breiten stark zunimmt. Sie beträgt, so die optischen Beobachtungen, am Äquator 10 Stunden 14 Minuten und in der Nähe der Pole 10 Stunden 38 Minuten. Eine „innere" Rotationszeit – 10 Stunden 39,4 Minuten – wurde mit Hilfe von Raumsonden anhand der planetaren Radiostrahlung entdeckt.

Damals kaum zu erklären waren die aus den Beobachtungen abgeleiteten Windgeschwindigkeiten des Jetstreams in der Äquatorregion des Ringplaneten, die deutlich höher sein mussten als die bei Jupiter gemessenen. Spielen für die großräumige Zirkulation in der Atmosphäre die ausgeprägten Jahreszeiten und der Schattenwurf der Saturnringe auf die Planetenoberfläche, der sich ja während eines Sonnenumlaufs verändert, eine wichtige Rolle? Erst die Raumsonden sollten die Antwort bringen.

Hinsichtlich der Ringe brachten auch die größeren Teleskope oder neue empfindlichere fotografische Emulsionen kaum relevante Fortschritte: Der C-Ring oder auch die Encke-Teilung, visuell für den Betrachter am Fernrohr durchaus zu erkennen, ließ sich nicht auf Platte oder Film bannen. So paradox es klingen mag: Die Existenz der Encke-Teilung konnte tatsächlich „offiziell" erst 1977 durch fotometrische Messungen bestätigt werden, als der Mond Japetus durch die Ringe bedeckt wurde.

Bescheiden blieben auch die Informationen über die Monde. Als winziges Scheibchen von einer Bogensekunde Durchmesser zeigte nur Titan „Fläche". Manche Beobachter meinten, Schatten auf dem Trabanten zu sehen, die sich mit der Zeit veränderten. Es herrschte die Vorstellung vor, auch von Kuiper geprägt, dass die Atmosphäre dünn sei und der orangefarbene Ton von Titan von der Oberfläche – ähnlich wie bei Mars – stamme.

Über die Eigenschaften der anderen Monde wusste man wenig: Einzelne Objekte zeigten Helligkeitsänderungen entlang ihrer Bahnen. Bemerkenswert war das schon von G. D. Cassini entdeckte Verhalten von Japetus, dessen Helligkeit während eines Umlaufs um den Faktor sechs variiert. Zwei unterschiedlich helle Hälften boten sich zwanglos als Erklärung an, doch wie diese zu Stande gekommen sein konnten, blieb rätselhaft.

1955 entdeckten mehr oder weniger zufällig Bernard F. Burke und Kenneth L. Franklin im kurzwelligen Bereich eine unregelmäßige Radiostrahlung wechselnder Intensität, als deren Quelle später Jupiter identifiziert werden konnte. Diese und die dann entdeckte höher frequente, nichtthermische Strahlung entstehen in der Magnetosphäre des Planeten, die wie ein Teilchenbeschleuniger wirkt. Hier gab es also erstmals einen Hinweis auf ein starkes und komplexes Magnetfeld, dessen genauere Kenntnis auch Aufschlüsse über die innere Struktur von Jupiter liefern konnte. Das sollte auch für Saturn gelten, doch von der Erde aus war keine Radiostrahlung nachzuweisen. Erst mit Hilfe von Raumsonden konnte sie registriert werden.

Der Planet
im Raumfahrtzeitalter

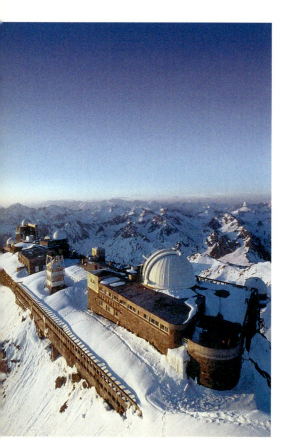

13 Die letzte Hochburg der klassischen beobachtenden Planetenforschung in der zweiten Hälfte des 20. Jahrhunderts war das Observatorium auf dem Pic du Midi in den französischen Pyrenäen.

Mit dem Start des ersten künstlichen Erdsatelliten Sputnik 1 am 4. Oktober 1957 im Rahmen des Internationalen Geophysikalischen Jahres begann in vieler Hinsicht eine neue Ära. Sicher hatte damals kaum jemand ernsthaft die Hoffnung gehegt, in absehbarer Zeit zu den äußeren Planeten vorzustoßen. Doch mit den ersten tastenden Schritten der Raumfahrt ging auch ein technischer Innovationsschub sowohl für die praktische als auch für die theoretische Astronomie einher. Vor allem waren es die rapiden Fortschritte der Elektronik, die zur Entwicklung von hochempfindlichen Sensoren, elektronischen „Augen" für einen breiten Spektralbereich, führten und damit die Leistungsfähigkeit der Teleskope dramatisch verbesserten. Durch die rasche Entwicklung der Computertechnologie wurden die Theoretiker in die Lage versetzt, umfangreiche Modellrechnungen z. B. über den inneren Aufbau der Gasplaneten anzupacken.

Neue Monde mit verwirrenden Details

Die erste bedeutende Entdeckung dieser Epoche gelang jedoch noch auf klassischem Wege: Am 15.12.1966 machte Audouin Dollfus (1924 –), neben G. P. Kuiper der letzte große Planetenbeobachter des 20. Jahrhunderts, auf dem Pic du Midi-Observatorium in den französischen Pyrenäen einen kleinen Mond aus, der planetennah außerhalb des hellen Ringsystems Saturn umkreiste. Benannt, so zunächst der Vorschlag, nach Janus, dem Gott mit den zwei Gesichtern, sollte er seinem Namen Ehre machen und einige Verwirrung stiften. Es begann damit, dass die von Dollfus ermittelten Bahndaten des neuen Trabanten fehlerhaft waren, im Nachhinein durchaus verständlich, wenn man die Schwierigkeiten bei der Beobachtung dieses lichtschwachen und zwischen Ringsystem und Planeten seine Bahn ziehenden Objekts bedenkt. Nur weniger Tage später, am 18.12.1966, sah Richard L. Walker ebenfalls in Saturnnähe einen lichtschwachen Mond. Im Oktober 1978 stellten John W. Fountain und Stephen M. Larson (Universität von Arizona) bei einer detaillierten Auswertung der Beobachtungen von 1966 fest, dass es sich um zwei Monde im Janusorbit handeln müsse. Doch erst 1980 beobachtete Dale P. Cruikshank tatsächlich zwei Satelliten in dieser Bahn. Es war ein neuer Satellit, praktisch koorbital, fast genau im gleichen Orbit umlaufend. 1982 erhielt er den offiziellen Namen Epimetheus und Walker sowie Fountain und Larson die Priorität als Entdecker.

Das Trabantengespann erwies sich als Herausforderung für die Himmelsmechaniker. Die großen Halbachsen der Bahn unterscheiden sich nur 50 Kilometer, also um sehr viel weniger als die Summe der Monddurchmesser. Der Unterschied in den Umlaufzeiten beträgt gerade 28 Sekunden. Auf den ersten Blick müssten die beiden Trabanten irgendwann kollidieren, da der innere, schnellere Mond seinen äußeren Partner langsam überholen sollte. Doch kurz davor verändert ihre wechselseitige Massenanziehung ihren Bahndrehimpuls. Der innere Trabant gewinnt Impuls und kommt dadurch auf eine etwas mehr außen gelegene Umlaufbahn, in der er nun etwas langsamer kreist als zuvor. Impuls verliert hingegen der äußere Mond und gelangt so in einen niedrigeren Orbit, wird also dadurch schneller. Bei dem Überholmanöver vertauschen sie auf diese Weise ihre Plätze: Der innere Mond gelangt auf die Außenbahn und bleibt nun hinter seinem Partner zurück. Etwa alle vier Jahre findet dieser Bahnwechsel statt, ohne dass der eine Mond den anderen überholt.

Mit erdgebundenen Teleskopen wurden um 1980 – wieder in einer Ringkantenstellung – drei weitere Monde entdeckt. Am 29.2.1980 sichteten Pierre Lacques und Jean Lecacheux (Pic du Midi und Observatoire de Paris) ein winziges Objekt, das in der Umlaufbahn des altbekannten Mondes Dione in etwa 60° Abstand Saturn umkreist und den Namen Helene erhielt. Im selben Jahr fand ein Team um Bradford Smith, dem Harold Reitsema, John Fountain und Stephen Larson (Universität von Arizona) angehörten, in der Bahn von Tethys 60° voraus auch einen kleinen Mond, Telesto getauft. Damit nicht genug: Etwa 60° hinter Tethys beobachteten Dan Pascu, Ken-

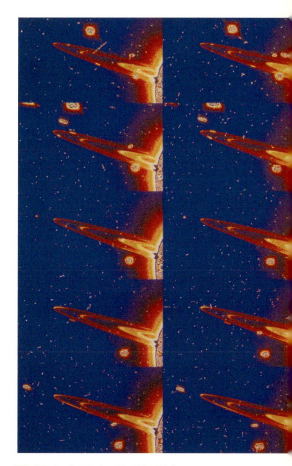

⚠ 14 Auch mit dem Hubble-Weltraumteleskop hat man bei der Kantenstellung 1995/96 nach neuen Monden gesucht. Die Ergebnisse waren jedoch zweideutig. Diese Aufnahmeserie im Infrarot zeigt sowohl bekannte Monde als auch neue Objekte, bei denen es sich offenbar nur um temporäre Zusammenballungen handelt.

15 Das NASA Deep Space Network (DSN) verfügt über große Antennen in den USA, Spanien und Australien. Die 64-Meter-Antenne in Goldstone (Kalifornien) ist eine der Funkbrücken zu den interplanetaren Raumsonden.

neth Seidelmann, William Baum und Douglas Currie mit dem Prototyp einer elektronischen Kamera, die für das Hubble-Weltraumteleskop konzipiert wurde, ebenfalls einen Satelliten. Was hat es mit diesen 60°-Positionen auf sich? Sie sind Punkte dynamischer Stabilität, die bereits 1772 von Joseph Louis Lagrange (1736–1813) vorhergesagt wurden und heute seinen Namen tragen. Der große Mathematiker hatte gezeigt, dass es in einem System, bei dem ein Himmelskörper einen anderen umkreist, insgesamt fünf Positionen – die so genannten Librationspunkte – gibt, in denen sich ein drittes Objekt ungestört aufhalten kann. Drei davon sind allerdings auf die Dauer instabil. Die beiden sicheren Positionen liegen auf der Umlaufbahn. Bleiben wir zur Erläuterung im Saturnsystem: Auf den Bahnen der Monde, z.B. Tethys, könnte laut Theorie ein weiteres Objekt entweder 60° vor oder 60° hinter ihm stabil seine Bahn ziehen. Bei Tethys sind – wie die Realität gezeigt hat – die beiden sicheren Positionen besetzt. Gemeinsam mit Saturn bilden Tethys, Telesto und Calypso zwei gleichseitige Dreiecke. Natürlich wirken auch in diesen „sicheren Häfen" leichte Störeffekte, die zu Schwingungen in nierenförmigen Bahnen führen. Seit langem ist dieses Kräftespiel auch in größerem Maßstab, z.B. im System Sonne und Jupiter, bekannt: In den 60° Librationspunkten – L4 und L5 genannt – sind hier die „Trojaner", mehr als zwei Dutzend größerer Objekte, bekannt.

Auch die Ringe standen weiter im Fokus der Forschung: Walter Feibelman (1925–2004) berichtete 1967, dass auf Aufnahmen, die ein Jahr zuvor am Allegheny Observatorium der Universität von Pittsburgh entstanden waren, ein relativ weit außen seine Bahn ziehender Ring E zu erkennen war. Der französische Astronom Pierre Guerin glaubte 1969 unter dem klaren Himmel des Pic du Midi den planetennächsten Ring D gesehen zu haben. Erst die Nahbetrachtung mit Raumsonden sollte zeigen, was hier nur Überinterpretation an der Grenze des Beobachtbaren war und was tatsächlich in der Umgebung des Planeten existierte.

Ein Experiment von historischer Bedeutung darf nicht unerwähnt blei-

ben. 1973 schickten Richard M. Goldstein und Gregory Morris vom California Institute of Technology ein Funksignal im Frequenzbereich des so genannten S-Bands (12,6 Zentimeter bzw. 2,3 Ghz) zum Saturn, dessen Echo sie etwa zwei Stunden und 40 Minuten später mit der 64-Meter-Antenne des Deep Space Network der NASA in Goldstone (Kalifornien) empfingen. Dieser erste irdische Kontakt mit dem Planeten verriet Einiges über die Natur der Ringe. Das starke Radarecho der Ringe A und B wies darauf hin, dass der Durchmesser eines erheblichen Teils der Ringpartikel in der Größenordnung der Wellenlänge des Signals, also rund 10 Zentimeter, liegen musste, wobei der Durchmesserbereich zwischen vier und 30 Zentimetern variieren sollte.

16 Pioneer 11 – die erste Raumsonde zum Saturn. Man erwartete zunächst die größte wissenschaftliche Ausbeute bei der Inspektion von Jupiter, doch Saturn bot letztlich eine Fülle an Überraschungen.

Ein „Pionier" bricht auf

1967 begann die amerikanische Raumfahrtbehörde sich erstmals ernsthaft mit einer Sondenmission zu den äußeren Planeten zu befassen. Hier war es vor allem James Van Allen (1914 –) von der Universität Iowa, der Entdecker der irdischen Strahlungsgürtel, der die Entwicklung vorantrieb. Sie konzen-

trierte sich zunächst auf Jupiter. Gedacht war an eine kostengünstige und
schnell realisierbare Mission. Hier bot es sich an, auf einen bewährten Son-
dentyp, Pioneer, zurückzugreifen. Entsprechend modifiziert, sollte sie Teilchen, Magnetfelder und Strahlung nicht nur in der Umgebung des Riesenplaneten untersuchen. Das Gravitationsfeld von Jupiter war in der Lage, den
elektronischen Späher so stark zu beschleunigen, dass er das Sonnensystem
verlassen musste. Auf diese Weise bestand die Chance, nicht nur etwas über
das interplanetare Medium, sondern auch über den interstellaren Raum zu
erfahren.

Offiziell gab die NASA im Februar 1969 grünes Licht für zwei Flüge
1972 und 1973 mit der Atlas-Centaur-Trägerrakete in Richtung Jupiter. In
die Sonden Pioneer 10 und 11, 250 Kilogramm schwer, wurden 11 Experimente integriert mit den Schwerpunkten Magnetfelder, Kosmische Strahlung, Plasma des Sonnenwinds und der Jupiterumgebung, Staub sowie Messungen im Infrarot und Ultraviolett. Die Sonden waren spinstabilisiert, ein
sehr effektives Verfahren zur Ausrichtung im Raum, durch Rotation um ihre
Längsachse unter Nutzung der Drehimpulserhaltung. Auf ein leistungsfähi-
ges Kamerasystem musste man allerdings verzichten. Eine bescheidene, aber
dennoch eindrucksvolle Bildinformation sollte ein so genanntes Fotopolari-
meter liefern.

Ein großes Fragezeichen stand über der Missionsplanung: Es galt, die
Region der Asteroiden zwischen Mars und Jupiter zu durchqueren. Wie groß
waren die Erfolgschancen, unbeschädigt diese Zone zu passieren? Die Schät-
zungen damals schwankten zwischen einem und 99 Prozent! Zwei ganz

praktische Probleme waren bei der technischen Umsetzung der Mission zu lösen, wobei wir im Gedächtnis behalten sollten, dass man das Jahr 1970 schrieb. Welcher Art sollte die Energieversorgung der Sonden sein? Solarzellen machten damals wie heute in Jupiterentfernung kaum Sinn, denn wir haben dort nur 1/27 des solaren Strahlungsflusses, der in der Erdumgebung zu nutzen ist. Die NASA entschied sich für Radioisotopen-Thermoelement-Generatoren (RTGs). Hier wird die beim radioaktiven Zerfall von Plutonium 238 frei werdende Wärme mittels thermoelektrischer Wandler zu einem geringen Bruchteil – deutlich weniger als 10 Prozent – in Strom konvertiert. Damit standen den Sonden in Jupiternähe rund 140 Watt elektrischer Leistung zur Verfügung.

Jupiter sollte relativ schnell erreicht werden, im günstigsten Fall in knapp 600 Tagen, und zwar in direktem Aufstieg ohne vorherige „Parkbahn" um die Erde. Man setzte deshalb auf die ohnehin leistungsfähige Trägerrakete noch eine dritte Stufe. Damit wurde eine Rekordgeschwindigkeit von 51 682 km/h erreicht, 11 300 km/h schneller als jedes andere bis dahin gestartete Objekt.

Am 27. Januar 1972 ging Pioneer 10 in einem brillanten Nachtstart auf die Reise, durchquerte unbeschadet den Asteroidengürtel und passierte schließlich, eingebettet in eine 60-tägige Beobachtungskampagne, am 3. Dezember 1973 in 130 354 Kilometer Abstand Jupiter. Inzwischen war am 5. April 1973 auch die „Ersatzsonde" Pioneer 11 gestartet worden, allerdings mit einigem Zittern während der ersten Flugstunden, da ein technisches Problem die Mission zu gefährden drohte. Doch alles ging glatt, auch die kleinen Korrekturmanöver, die am 2. Dezember 1974 zu einem – mit nur 42 800 Kilometer Abstand – extrem nahen Vorbeiflug an Jupiter führten.

▲ 18 Die hohe Qualität der Messdaten von Pioneer 11 am Saturn ließ die magere Bildausbeute rasch vergessen. Immerhin zeigt dieses Bild erstmals den F-Ring und einen neuen Mond. Das helle Objekt links ist Tethys.

Die Ergebnisse der Pioneer-Mission

▶ Pioneer entdeckte, dass Saturn ein Magnetfeld besitzt, dessen Achse innerhalb von 1° mit seiner Rotationsachse zusammenfällt, in scharfem Kontrast zu den Feldern von Merkur, Erde und Jupiter sowie – wie wir später erfahren haben – auch von Uranus und Neptun. Der Planet besitzt ausgedehnte Strahlungsgürtel und eine komplexe Magnetosphäre.

▶ Pioneer konnte nachweisen, dass mehrere Saturnmonde aus den Strahlungsgürteln Partikel absorbieren. Durch diesen Effekt konnte ein bis dahin unbekannter Mond aufgefunden werden.

▶ Wie Pioneer zeigte, absorbieren auch die Ringe Elektronen und Protonen aus den Strahlungsgürteln. So entsteht eine nahezu strahlungsfreie Zone nahe am Planeten. Um die Ringe wurde eine Wolke von Wasserstoff nachgewiesen.

▶ Saturn besitzt eine ausgedehnte Ionosphäre.

▶ Erstmals konnte die Encke-Teilung eindeutig fotografiert werden. Etwa 4000 Kilometer außerhalb des äußersten A-Rings wurde ein schmaler, weniger als 500 Kilometer breiter Ring entdeckt, der die Bezeichnung F erhielt. In der Cassini-Teilung waren überraschend Strukturen zu erkennen.

▶ Die Temperaturen in Saturns Atmosphäre, auf seinen Ringen und auf der Wolkendecke von Titan wurden gemessen.

▶ Pioneer bestätigte, dass der Ringplanet mehr Energie abstrahlt, als er von der Sonne erhält.

▶ Das leicht gelblich schimmernde Band in der Äquatorzone weist eine geringere Temperatur als die anderen Bereiche der Atmosphäre auf. Ein Hinweis darauf, dass es sich hier um eine Zone von hohen Wolkenschichten handelt.

Diese große Annäherung beschleunigte die Sonde auf immerhin 173 000 km/h und brachte sie auf einen Kurs zu Saturn, der hoch über die Ebene des Sonnensystems, über die Ekliptik führte. Dieser Teil der Reise dauerte nun für Pioneer Saturn – so der neue Name – dreimal so lange wie von der Erde zum Jupiter. Am 1.9.1979 wurde der Ringplanet erreicht. Die NASA hatte sich dafür entschieden, dass die engste Begegnung rund 21 000 Kilometer über der Wolkendecke südlich der Ringebene stattfinden und dann die Sonde in halbwegs sicherem Abstand um die Ringe herumschwingen sollte. Mit 112 000 km/h wurde die Ringebene in nur 0,8 Sekunden passiert. Im Lichte der heutigen Kommunikationstechnologie ist der Blick zurück auf 1979 nicht uninteressant: Daten und Bilder vom Saturn wurden mit 1024 bits/s übertragen.

Pioneer Saturn hat 1979 bereits fundamentale Resultate gewonnen, die jetzt durch Voyager und Cassini-Huygens freilich nur mehr beiläufig erwähnt werden. Ein Blick hierzu in die umfangreiche NASA-Publikation aus dem Jahr 1980 *Pioneer – First to Jupiter, Saturn and beyond* ist nach wie vor spannend und aufschlussreich.

Eine neue Sicht – Voyager

Bereits Mitte der sechziger Jahre wurden bei der NASA Pläne für eine „Große Tour" zu den äußeren Planeten Jupiter, Saturn, Uranus und Neptun diskutiert. Gary Flandro vom Jet Propulsion Laboratory (JPL) der NASA in Pasadena hatte eine neuartige Reiseroute entwickelt.

Sein Konzept: Rund alle 176 Jahre stehen die äußeren Planeten annähernd auf einer Linie, das würde in den späten siebziger und achtziger Jahren wieder der Fall sein. Hier bot sich die Swing-by-Technik als kostenloser Energielieferant an, mit der – wie schon bei Pioneer Saturn gesehen – die Bahn einer Raumsonde beim nahen Vorbeiflug an einem Planeten durch dessen Gravitationsfeld verändert werden kann. Das lässt sich z. B. für die Zu- oder Abnahme der Geschwindigkeit nutzen oder für die Änderung der Flugrichtung bzw. der Bahnebene. Mit Hilfe dieses Effekts sollte es möglich sein, nacheinander die äußeren Planeten in einer realistischen Reisezeit, bis zum Neptun nur 12 Jahre, zu besuchen.

Von den kühnen Planungen der amerikanischen Weltraumbehörde, insgesamt vier Sonden auf die Reise zu schicken, davon zwei sogar bis zum Pluto, blieb 1972 aus Kostengründen nur eine abgespeckte Version mit zwei praktisch baugleichen Raumflugkörpern übrig. Der ursprüngliche Projektname Mariner Jupiter/Saturn 77 verdeutlichte die Schwerpunktsetzung. Für eine der beiden Sonden, die 1977 in „Voyager" umbenannt wurden, bestand die Möglichkeit, sie auf die „Große Tour" zu schicken. Wovon hing die Entscheidung letztlich ab? Bei der Missionsplanung wurde der Untersuchung von Titan besonders hohe Priorität eingeräumt. Im Falle eines Scheiterns von Voyager 1 hätte der Kurs der nachfolgenden Sonde für die Beobachtung des großen Mondes optimiert werden müssen. Wäre das passiert, hätte man die Chance eingebüßt, mit Voyager 2 die „Große Tour" zu vollenden.

19 Mit den Voyager-Sonden kam der Durchbruch in der Saturnerkundung.

20 Voyager zeigte erstmals in aller Schärfe ausgeprägte Strukturen und Stürme in der Saturn-Atmosphäre.

Die neuen elektronischen Späher, jeder rund 800 Kilogramm schwer, waren „Drei-Achsen" stabilisiert, womit eine genaue Ausrichtung der Kameras und Detektoren auf das zu untersuchende Objekt möglich wurde. Energie für den Betrieb der Instrumente und Bordsysteme lieferten auch hier Radio-Isotopen-Generatoren von allerdings größerem Kaliber, so dass rund 435 Watt elektrischer Leistung zur Verfügung standen.

Zuerst wurde am 20.8.1977 Voyager 2 von Cape Canaveral mit der Titan 3E Trägerrakete gestartet. Am 5.9.1977 folgte Voyager 1 auf einen etwas schnelleren Kurs, so dass sie nach dem Durchqueren des Asteroidengürtels die früher gestartete Sonde schließlich überholte. Nach eindrucksvollen Jupiterpassagen (5.3.1979 bzw. 9.7.1979) erreichten die beiden Voyager am 12.11.1980 bzw. 25.8.1981 den Ringplaneten. Bereits in einer frühen Phase der Annäherung, im Sommer 1980, lieferte Voyager 1 Bilder, die alles das übertrafen, was uns irdische Teleskope bis dahin gezeigt hatten. Mit Spannung sah man auf die Wolkenstrukturen. Langsam wurde auch der eine oder andere Fleck sichtbar sowie atmosphärische Muster, die an jene erinnerten, die man auf Jupiter sehen konnte. Allerdings war das alles weniger farbenfroh, genauer gesagt blässlich im Vergleich zu dem, was der Riesenplanet zu bieten hatte.

Anders als bei der Jupiter-Passage drängten sich die Ereignisse. In einer Zeitspanne von nur wenigen Stunden zogen die interessanten Objekte – Planet, Ringe und Monde – vorbei. Bereits im Vorfeld der größten Annäherung konnte der äquatoriale „Jet Stream" von Saturn genauer untersucht werden. Dabei wurden Windgeschwindigkeiten bis zu 1800 km/h, von West nach Ost wehend, beobachtet. Erstaunlich war die Ausdehnung dieser stürmischen Region, die sich über 80 000 Kilometer zwischen 40° Nord und 40° Süd erstreckt. Auf Jupiter toben vergleichsweise in einer deutlich kleineren Äquatorregion nur „Stürmchen". Wodurch unterscheiden sich die „Wetter-

maschinen" von Jupiter und Saturn so dramatisch? Ist es die physikalische Struktur im Inneren von Saturn oder sind es die ausgeprägten
jahreszeitlichen Effekte, die durch das Ringsystem mit seinen unterschiedlichen Abschat-
tungseffekten verstärkt werden?

Eine weitere spannende Frage: Warum
wirkt die Saturnatmosphäre weniger „bunt" als
die von Jupiter? Bilder mit stark überhöhtem
Kontrast zeigen, dass auch der Ringplanet hier
Einiges zu bieten hat. Es sind aber beinahe
alles dieselben Farben. Die Chromophore,
oder wie die Maler sagen würden: die Pig-
mente, sind offensichtlich gut durchgemischt.
Verursacht eine etwas trübe Dunstschicht den
geringen Kontrast oder sind es die Wolken
selbst, die Saturn auf den ersten Blick relativ
farblos erscheinen lassen? Die Voyager-Daten
ließen vermuten, dass Letzteres der Fall ist.

Im JPL, im Kontrollzentrum der NASA in
Pasadena, konzentrierte sich während der Annäherung von Voyager 1 das
Interesse auf die immer eindrucksvolleren Bilder des Planeten. Am 6. Oktober 1980 gab es einen Paukenschlag. Richard Terrile, Teammitglied, über-
raschte seine Kollegen mit der Entdeckung von merkwürdigen Gebilden im
B-Ring. Es waren dunkle, an Speichen erinnernde Gebilde, die geisterhaft
über dem Ring auftauchten und wieder verschwanden. Ein Phänomen, das
noch lange Kopfzerbrechen bereiten sollte. Doch damit nicht genug: Als
sich Terrile und Stuart Collins auf die Beobachtung der beiden bahngleichen
Monde Janus und Epimetheus konzentrierten, stießen sie auf zwei andere, kleinere Monde, die innerhalb und außerhalb des F-Rings ihre Bahn

▲ **21** Eine weitere Entdeckung von
Voyager: die „Speichen" in den Ringen;
Strukturen, die entstehen und wieder
vergehen.

zogen. Prometheus und Pandora sind so genannte „Schäferhund-Monde",
die diesen seltsamen Ring stabilisieren. Die beiden Satelliten halten durch
ihre Beschleunigungs- und Bremskräfte dieses schmale Partikelband zusammen. Doch das war nicht die letzte Entdeckung in der Nachbarschaft
der Ringe: 800 Kilometer vom äußersten Rand des A-Rings entfernt, fand
Terrile einen nur 20 x 40 Kilometer großen Satelliten, der eine bedeutende
Rolle für die Stabilität des gesamten Ringsystems spielen dürfte. Er verhin-
dert, dass die hellen Ringe im Laufe der Zeit von Saturn weg nach außen
entweichen.

Es waren tatsächlich die Ringe, die in der Phase der Annäherung alle
Teammitglieder im JPL, dem Kontrollzentrum, faszinierten, wobei allerdings
die Meinung vorherrschte, dass man die Ringe einigermaßen gut verstan-
den hatte. Jedoch wurden mehr und mehr merkwürdige Details sichtbar.
Einfache Erklärungsmodelle, wonach die Monde gewissermaßen als „Sau-
bermänner" über die Resonanztheorie für die Organisation der Ringe verantwortlich waren, konnten bestenfalls die halbe Wahrheit sein.

Die erste spannende Nahbegegnung, 18 Stunden vor der Passage an
Saturn, war die mit Titan, von vielen im Voyager-Team als der wichtigste Teil
des Unternehmens angesehen. In nur knapp 7000 Kilometer Entfernung
zog die Sonde vorbei. Was die Bildmonitore zeigten, war jedoch enttäu-
schend. Die orangefarbene Wolkendecke verhinderte jeden Blick auf die
Oberfläche. In der Atmosphäre sah man nur einen leichten Unterschied in
der Helligkeit zwischen der Nord- und der Südhalbkugel, mit einer Art von
Trennungslinie am Titanäquator. In Bildern mit stark überhöhtem Kontrast
deutete sich eine zarte Bandenstruktur in der Wolkenhülle an, parallel zum
Äquator. Auffällig war eine Dunstschicht am Nordpol, die an eine Polkappe
erinnerte.

Balsam für die Wunden der versammelten Titan-Experten waren die
zum Teil überraschenden Daten der anderen Sensoren. So die unerwartete
Dominanz von Stickstoff in der Atmosphäre von über 90 Prozent und der

22 Was hier aussieht wie das Raumschiff „Todesstern" aus dem Filmepos *Krieg der Sterne*, ist der Mond Mimas mit dem riesigen Einschlagkrater Herschel. Wäre das kollidierende Objekt nur etwas größer gewesen, hätte es wahrscheinlich den Trabanten zerstört.

hohe „Luftdruck" am Boden vom 1,6fachen des irdischen Drucks. Zu hoch wurden allerdings die Anteile von Methan, Helium und Argon eingeschätzt. Messungen bestätigten, dass es auf der Oberfläche von Titan sehr kalt ist, etwa −180 °C. Eine der damals gängigen Hypothesen behauptete, unter einer Treibhausatmosphäre auf Titan könnten sich komplexe chemische Bausteine, Vorstufen also für die Entstehung von Leben, gebildet haben. Doch der Treibhauseffekt existiert nicht, und damit wurde einmal mehr eine faszinierende Überlegung zu Makulatur. Die Entdeckung, dass es auf Titan dennoch eine aufregende organische Chemie gibt, blieb Cassini-Huygens vorbehalten.

Nach Titan sah Voyager 1 die hellen Eismonde. Auf den ersten Blick schienen sie nicht Ungewöhnliches zu bieten, so z. B. mit Kratern übersäte Oberflächen wie auf Dione und Rhea. Bei genauerem Hinsehen fand man einige Regionen, die frei von Kratern waren und damit auf innere Aktivität in der Vergangenheit der beiden Monde hinwiesen. Dann kam Mimas ins Visier, mit rund 400 Kilometer Durchmesser ein mittelgroßer Mond, der den Team-Mitgliedern eine Art Déjà-vu-Erlebnis bescherte. Ein gigantischer Krater wurde sichtbar, dessen Durchmesser mehr als ein Drittel des Mondes betrug. Das Bild erinnert stark an das Raumschiff „Todesstern" aus dem Filmepos *Krieg der Sterne* von George Lucas.

Japetus, Hyperion und Tethys konnten nur aus größerer Entfernung gesehen werden. Auch für die Beobachtung von Enceladus war die Bahn der Sonde nicht optimal. Doch schon auf den Bildern aus der Ferne, mit 10 Kilometer Auflösung, sah man eine untypische Oberfläche. Dieser Mond hatte ein relativ junges „Gesicht" und war zweifellos für weitere Überraschungen gut.

Zusehends spannender und rätselhafter wurde das Ringsystem. Nach und nach zerfiel das klassische Bild der drei hellen Ringe in Hunderte von Einzelringen, wobei allein die Cassini-Teilung mehr als hundert Einzelringe,

23 Die größte Überraschung brachten die Voyager-Bilder des Ringsystems, das bis dahin relativ übersichtlich zu sein schien.

einige davon sind sogar exzentrisch, enthält. Völlig unerwartet waren auch die Details, die nun vom F-Ring sichtbar wurden, der mit wachsender Annäherung in der Breite zu schrumpfen schien. Für sprachloses Erstaunen sorgten die Bilder, die drei einzelne Stränge von je 20 Kilometer Breite zeigten, die einige zehn Kilometer voneinander getrennt waren. Verknotet, verdreht und verflochten: Ein bizarres System wurde sichtbar, das zwar primär durch die beiden Schäferhundmonde zusammengehalten wird. Doch auch andere Kräfte dürften neben der Gravitation hier mitspielen, worauf auch örtliche und zeitliche Veränderungen dieses seltsamen Gebildes hinweisen. Schließlich fand man auch den extrem schwachen D-Ring, der keinen scharfen inneren Rand besitzt und dessen Partikel bis zur Wolkendecke hinabreichen könnten. Das Voyager-Team war überzeugt, dass man dieses diffuse Gebilde unmöglich mit irdischen Teleskopen hätte sehen können. War also bei den entsprechenden Entdeckungsberichten nur der Wunsch der Vater des Gedankens?

Am 25. August 1981 flog Voyager 2 in 101 300 Kilometer Entfernung an Saturn vorbei und lieferte trotz eines technischen Ausfalls zusätzlich gute Bilder des Planeten, der Ringe und von Japetus, Hyperion, Tethys und Enceladus sowie auch eine Flut von Daten der anderen Sensoren. Die Megabits an Informationen waren und sind ein Schatz, der noch immer nicht komplett gehoben ist. Ein Beispiel: 1985 sagten Jeffrey Cuzzi und Jeffrey Scargle die Existenz eines Mondes in der Encke-Teilung der Ringe voraus. Mark R. Showalter untersuchte 1986 das Problem genauer und publizierte Bahndaten dieses hypothetischen Satelliten. Auf insgesamt 11 Voyager-Aufnahmen fand Showalter den postulierten Mond, wobei die Abweichungen von den von ihm vorhergesagten Positionen nur in der Größenordnung von 1° lagen. Am 16. Juli 1990 gab Showalter die Entdeckung des nunmehr 18. Mondes von Saturn bekannt. Nur rund 20 Kilometer groß ist das später Pan getaufte Objekt, das offensichtlich die Encke-Teilung „sauber" hält.

24 Saturn und seine großen Monde, wie Voyager sie sah. Im Vordergrund Dione, Tethys und Mimas rechts vom Ringplaneten. Links Enceladus und Rhea und in der Ferne oben rechts Titan.

▶ 25 Der Wandel der Jahreszeiten auf Saturn geht auch mit den Änderungen des Anblicks der Ringe einher. Das HST zeigt den Planeten über den Zeitraum von 1996–2000. Auf der Nordhalbkugel vollzieht sich der Übergang vom Herbst zum Winter.

Eine Übersicht, wie unser Bild des Saturnsystems nach Pioneer und Voyager und vor Cassini-Huygens ausgesehen hat, wäre ohne die Erwähnung wichtiger Fortschritte in Theorie und Praxis nicht vollständig. Die bedeutende Rolle des Hubble-Weltraumteleskops (HST) ist besonders hervorzuheben. Bereits am 26. August 1990, wenige Monate nach dem Start und der Entdeckung des fehlerhaften Spiegelschliffs, lieferte das HST Bilder, die alles das übertrafen, was bislang irdische Teleskope gezeigt hatten. Der Vorzug von Hubble: Bilder können über ein breites Spektrum, vom nahen Ultraviolett bis hin ins Infrarot aufgenommen werden. Bei den drei Erdpassagen durch die Ringebene 1995/96 und dem Sonnendurchgang im November 1995 startete eine weltweite Beobachtungskampagne mit erdgebundenen Fernrohren und dem HST. Diese Ringkantenstellung wollte man zur Suche nach neuen Saturntrabanten nutzen, wobei man mit Hubble tatsächlich auf einige lichtschwache Objekte stieß. Am 26. Juli 1995 gaben Amanda S. Bosh und ihr Diplomand Andrew S. Rivkin (Lowell Observatorium, Flagstaff) die Entdeckung von vier neuen Monden auf HST-Bildern bekannt. Zwei davon entpuppten sich als die planetennahen Trabanten Pandora und Prometheus, die „Schäferhunde" des F-Rings.

Parallel zum HST beobachtete um den 10. August ein europäisches Astronomenteam am 3,6-Meter-Spiegelteleskop auf La Silla in den chilenischen Anden den Ringplaneten. Um die Bildqualität zu verbessern wurde eine Spezialkamera mit adaptiver Optik eingesetzt. Hier sah man allerdings nur ein Objekt, das mit den HST-Wahrnehmungen übereinstimmen könnte. Heute wissen wir, dass es sich vermutlich nur um vorübergehende Zusammenballungen von Staubmaterial aus dem F-Ring gehandelt hat. Doch etwas Merkwürdiges förderten diese Aufnahmen zutage: Prometheus stand nicht dort, wo man ihn erwartet hatte. Er war um 19° hinter seiner berechneten Position zurückgeblieben. Hatte der Satellit an Geschwindigkeit verloren und driftete langsam weg von Saturn, vielleicht verursacht durch eine Kollision?

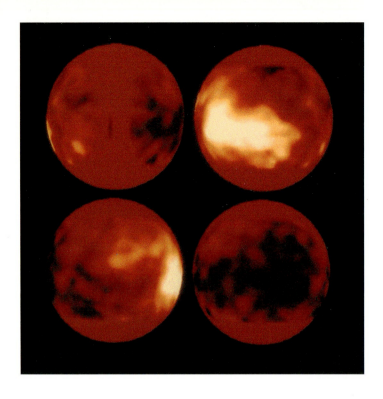

26 Mit dem HST wurde es möglich, durch Beobachtungen im nahen Infrarot erste grobe Oberflächenstrukturen auf Titan zu erkennen.

Eine plausiblere Erklärung kam 1996 von Carl Murray vom Queen Mary College der Universität London. Danach verändert sich die Bahn von Prometheus periodisch. Alle 19 Jahre läuft er tief in den F-Ring, dabei muss es zwangsläufig zu Kollisionen mit dem Ring kommen. Zuletzt geschah das 1984. Beobachtungen von 1997 mit dem HST sollten diese Theorie überprüfen.

Doch sie brachten eine neue Überraschung: Nun war Pandora, der andere „Schäferhund", nicht am berechneten Ort. Er führt vielmehr zusätzlich auf seiner Bahn eine komplexe Pendelbewegung mit einer Periode von 633 Tagen aus. Das Paar Prometheus und Pandora ist eine harte Nuss für die Theoretiker, die sie bis heute noch nicht geknackt haben. Der F-Ring sowie der Einfluss von Mimas und anderen Monden könnten eine Rolle spielen und für die leicht chaotische Bewegung von Pandora auf ihrer Bahn mit verantwortlich sein. Alle Hoffnungen richteten sich nun auf Cassini.

Doch zurück zum Hubble-Weltraumteleskop: Es hat von 1990 an bis zur „Übernahme" durch Cassini-Huygens 2004 unter anderem kontinuierlich Informationen über das „Saturnwetter" geliefert. Im September 1990 entdeckten Amateurastronomen einen weißen ovalen Fleck knapp südlich des Äquators. Es war ein Sturmzentrum, dessen Entwicklung zu einem die Äquatorregion des Planeten umspannenden Wolkenband mit dem HST verfolgt werden konnte. Das Auftauchen dieses Gebildes bestätigte die alte Vermutung, dass solche großen Stürme rund alle 30 Jahre auftreten. Das entspricht etwa der Zeit, die Saturn für einen Sonnenumlauf benötigt. Ähnliche Gebilde hatte man bereits 1876, 1903, 1933 und 1966 zur Zeit des Saturnsommers auf der nördlichen Hemisphäre beobachtet. Dass eindrucksvolle Stürme sich auch überraschend entwickeln können, wurde im September 1994 deutlich. Auch dieses Phänomen wurde mit dem HST umfangreich über einen längeren Zeitraum dokumentiert. Dem Hubble-Weltraumteleskop verdanken wir durch die Möglichkeit, Saturn im nahen Ultraviolett porträtieren zu können, aufregende Bilder von Polarlichtern des Planeten und ihrer Dynamik. Das andere Ende des Spektrums, das nahe Infrarot, erlaubte es erstmals, die für das sichtbare Licht undurchlässige Atmosphäre von Titan zu durchdringen und so mit dem HST eine noch grobe Vorstellung von der Oberflächenstruktur des Mondes zu gewinnen.

Ein neues Bild des Ringplaneten

Auch die Theoretiker waren nicht untätig. Sehr viel genauere Modelle zum inneren Aufbau des Planeten entstanden, wobei man der Tatsache Rechnung tragen musste, dass Saturn mindestens 1,8-mal mehr Wärme abstrahlt, als er von der Sonne erhält. Was ist das für eine innere Energiequelle? Ein Rest jener Wärme, die Saturn bei seiner Entstehung gespeichert hat? Sie müsste allerdings bereits vor zwei Milliarden Jahren aufgebraucht gewesen sein. Wenn sich der Planet abkühlt, zieht er sich zusammen. Dabei entsteht Wärme. Doch das alles zusammengenommen reicht nicht aus, um die beobachtete Überschussenergie zu erklären.

Vielleicht lässt sich das Rätsel bei einer virtuellen Nahbegegnung mit Saturn lösen: Auf den Planeten zufliegend stoßen wir zunächst auf eine mächtige Wolke aus atomarem Wasserstoff, die vermutlich auch einen größeren Anteil der molekularen Form enthält. Mit etwa 20 Atomen und Molekülen pro cm^3 umgibt sie den Planeten in der Äquatorebene in Form eines Torus und reicht mehr als 1,5 Millionen Kilometer in den Raum. Dann treffen wir auf eine strukturierte Atmosphäre. Uns interessiert zunächst der markante, etwa 30 000 Kilometer dicke Bereich, in dem eine Temperatur von rund –170 °C herrscht und der rund 1100 Kilometer über dem Druckniveau von 1 Bar liegt. Hier besteht die Atmosphäre im Wesentlichen aus 93 Volumen-Prozent Wasserstoff und sieben Prozent Helium. In der Troposphäre, in jener Region also, in der „Wetter" stattfindet, beobachtet man drei diskrete Wolkenschichten: die oberste mit einer Temperatur von rund –120 °C

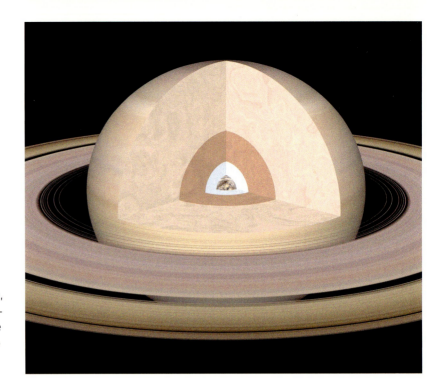

▶ **27** Der innere Aufbau des Ringplaneten, schematisch dargestellt. Im Zentrum befindet sich der mineralische Kern, darüber die Zone aus metallischem Wasserstoff. Weiter nach außen ist die große Region aus flüssigem molekularem Wasserstoff mit einem geringen Anteil an Helium zu finden.

wird aus winzigen Ammoniakkristallen und Tröpfchen (NH_3) gebildet. Etwa 70 Kilometer darunter, hier herrschen bereits −70 °C, bestehen die Wolken im Wesentlichen aus Ammoniumhydrosulfid (NH_4HS); 60 Kilometer tiefer liegen die Temperaturen um 0 °C. Wasserdampf und Eiskristalle sind hier für die dritte Wolkenschicht verantwortlich. Alle diese Partikel sind weiß, dennoch existiert – wie bereits erwähnt – eine Farbabstufung, die in der Troposphäre von oben nach unten mit den Wolkenschichten in den Abstufungen rot, weiß, braun und blau zu beobachten ist.

Was findet man noch in der Atmosphäre, das als Farbgeber verantwortlich sein könnte? Wie kaum anders zu erwarten, sind einige Promille Methan und Ammoniak vorhanden. Auch Zerfallsprodukte von Methan, gebildet unter dem Einfluss der solaren UV-Strahlung, wie Ethan, Acetylen, Propan und Methylacetylen dürften vorkommen. Entdeckt wurde in tieferen Schichten ein Element, das Farbe „machen" könnte: Phosphor in Form von Phosphorwasserstoff (PH_3). Das gilt auch für Schwefel, der nicht nur gebunden als Ammoniumhydrosulfid, sondern auch als Schwefelwasserstoff (H_2S) vorliegen sollte. In tieferen Schichten, wo die Temperaturen höher sind, dürfte ein ganzer „Chemie-Cocktail" zu finden sein, bestehend aus Verbindungen des Kohlenstoffs, Stickstoffs, Sauerstoffs, Siliziums und Metallen. Unter dieser Region mit immer weiter zunehmender Dichte und Temperatur erreichen wir eine Zone aus flüssigem molekularem Wasserstoff mit einem geringen Anteil an ebenfalls flüssigem Helium, das am oberen Rand einer 5000 Kilometer dicken Schicht aus metallischem Wasserstoff in Tröpfchenform kondensiert. Hier beträgt der Druck bereits drei Millionen Bar, die Temperatur ist auf knapp 9000 °C angestiegen. Die Heliumtröpfchen fallen als „Regen" in Richtung Saturnzentrum. Hierbei wird Gravitationsenergie frei, die in Wärme umgewandelt wird. Mit diesem Prozess kann man die derzeitige Energieabgabe aus dem Inneren vollständig erklären. Als Konsequenz müsste Saturns Atmosphäre ärmer an Helium als die von Jupiter sein. Genau das wurde beobachtet: 10 Prozent He bei Jupiter und sieben Prozent He bei Saturn.

Auf dem weiteren Weg in Richtung Zentrum stoßen wir wieder auf eine scharfe Grenzfläche. Hier beginnt der Kern des Planeten, aus Gestein, Metallen und verschiedenen Sorten von Eis bestehend, mit einem Radius von 12 000 – 15 000 Kilometern. Im Zentrum dieser hypothetischen Regi-

Carl Sagan

Ein Mann, der aus der unbemannten Erkundung des Sonnensystems mit Raumsonden gar nicht wegzudenken ist, ist Carl Sagan, geboren am 9.11. 1934 in Brooklyn, New York. Er wuchs in bescheidenen Verhältnissen auf, studierte an der Universität von Chicago, wo er 1960 in Astronomie und Astrophysik promovierte. In den sechziger Jahren lehrte er bereits an der Harvard-Universität. 1971 wurde Sagan an die Cornell-Universität (Ithaca, N.Y.) als ordentlicher Professor und Direktor des Laboratoriums für Planetare Studien berufen. Dieser Wirkungsstätte blieb er trotz seiner vielfältigen Aktivitäten bis an sein Lebensende treu. Apollo, Mariner, Viking, Voyager, Galileo: Sagan war immer ganz vorn dabei. Er produzierte geniale Ideen und Hypothesen am laufenden Band, wobei allerdings nicht jede zündete. Sagan hatte zu allem etwas zu sagen, nicht immer zur Freude seiner Fachkollegen. Er war es auch, der die NASA davon überzeugen konnte, den Pioneer- und Voyager-Sonden, die ja dabei sind, das Sonnensystem zu verlassen, „Botschaften" unserer Erde für eventuelle außerirdische Zivilisationen mitzugeben. Zunehmend wandte sich Sagan Themen wie der Exo-Biologie oder den klimatischen Konsequenzen eines nuklearen Krieges zu.

Weltweit bekannt wurde er durch seine publizistischen Aktivitäten. Die TV-Serie *Cosmos* wurde von 500 Millionen Zuschauern in 60 Ländern gesehen. Seine Bücher eroberten die Bestsellerlisten und errangen bedeutende Preise. Ehrungen und Auszeichnungen füllen Seiten seiner Biographie. Carl Sagan starb am 20. Dezember 1996 in einer Klinik in Seattle an den Folgen einer Knochenmarkserkrankung.

28 Saturns Magnetosphäre: Das dipolartige Magnetfeld des Planeten wird durch den Sonnenwind verformt. Auf der Tagseite wird das Feld gestaucht, während sich auf der Nachtseite ein langer Magnetosphärenschweif ausbildet. Der Sonnenwind umströmt den Planeten mit „Überschallgeschwindigkeit" und wird am Bugschock stark abgebremst. Der Magnetosheath beschreibt jene Region, in der dann der Sonnenwind die Magnetosphäre umströmt. Die zum Planeten hin- bzw. wegweisenden Magnetfeldlinien bezeichnet man als nördlichen bzw. südlichen Lobes. Die Cusp-Regionen bilden den Übergangsbereich an den magnetischen Polen zwischen den geschlossenen Feldlinien (Tagbereich) und den offenen auf der Nachtseite. Hier entstehen die Polarlichter, die primär im UV leuchten.

on dürften, so die gängigen Modelle, Temperaturen um 20 000 °C und Drücke um 50 Millionen Bar herrschen.

Das Innenleben des Planeten ist auch für das Magnetfeld verantwortlich. Zu den überraschenden Entdeckungen von Pioneer-Saturn zählte, wie bereits erwähnt, die Tatsache, dass die Feldachse mit der Rotationsachse praktisch zusammenfällt. Außerdem liegt Saturns magnetisches Zentrum nur 0,04 Planetenradien (2400 Kilometer) nördlich von seinem geometrischen Mittelpunkt entfernt. Saturn fällt hier also eindeutig aus dem planetaren Rahmen. Was zunächst nur wie ein Kuriosum aussieht, ist in der Realität ein echtes Problem. Im Rahmen der so genannten Dynamotheorie entstehen planetare Magnetfelder im Inneren der Objekte durch elektromagnetische Induktion, wobei zwei Voraussetzungen erfüllt sein müssen: Da ist einmal die rasche Rotation und schließlich die Konvektion, also der Energietransport durch Strömung, in einer elektrisch leitender Materie. Im Inneren der Erde ist das z. B. flüssiges Eisen, bei Jupiter und Saturn der metallische Wasserstoff.

Die genauen Zusammenhänge sind recht kompliziert. Eines ist aber klar: Das Magnetfeld von Saturn ist in seinen generellen Strukturen durchaus mit den Feldern der Erde oder Jupiters vergleichbar. Mit zusammenfallenden Feld- und Rotationsachsen lässt sich das, was wir beobachten, mit der gängigen Dynamotheorie aber bisher nicht erklären.

In erster Näherung entspricht das Magnetfeld des Ringplaneten einem Dipolfeld, wie wir es von der Erde auch kennen. Sein magnetisches Moment ist etwa 550-mal größer als das unseres Heimatplane-

Bugschock · Magnetosheath · Magnetopause · Cusp · Sonnenwind · Plasmaschicht · Neutralschicht · Lobes · Magnetfeldschweif

ten und 10-mal kleiner als das von Jupiter. Saturn ist viel größer als die Erde. So kommt es, dass die Feldstärke in der Höhe der Wolkenschicht sogar etwas kleiner ist als auf der Erdoberfläche: 22 Mikro-Tesla zu 30 Mikro-Tesla. Die Polarität des Feldes ist – wie auch bei Jupiter – umgekehrt zu dem, was der irdische Kompass anzeigt.

Saturns Magnetosphäre ist hinsichtlich ihrer Ausdehnung und auch ihres „Inventars" zwischen Jupiter und Erde einzureihen. Die mittlere Entfernung des Bugschocks, jener Grenzregion in der der Sonnenwind und die Magnetosphäre von Saturn aufeinander treffen, liegt bei 1,8 Millionen Kilometern, mit einer riesigen Schwankungsbreite. So kann es passieren, dass sich je nach Sonnenaktivität z. B. Titan abwechselnd diesseits oder jenseits der Magnetosphärengrenze bewegt. Der Bugschock selbst hat mit 2000 Kilometer Dicke eine deutliche Breitenausdehnung. Saturn ist im Langwellenbereich ein intensiver „Radiosender", dessen „Programm" ein irdischer Hörer nur als Störgeräusche empfinden würde. Für die Wissenschaftler sind diese von den Sonden aufgenommenen Signale unterschiedlicher Intensität jedoch sehr aufschlussreich. Sie entstehen durch die Wechselwirkung der Elektronen des Sonnenwindes mit dem Magnetfeld in den Polregionen des Planeten.

Voyager und später auch das Hubble-Weltraumteleskop sowie erdgebundene Beobachtungen mit neuen Techniken präsentierten uns ein außerordentlich vielfältiges Bild des Saturnsystems, beantworteten alte Fragen, warfen aber mehr noch zahlreiche neue auf. Kaum hatten Voyager 1 und 2 den Ringplaneten passiert, setzten sich in den frühen achtziger Jahren Forscher dies- und jenseits des Atlantiks in privaten Zirkeln zusammen und ließen ihrer Phantasie über eine optimale Nachfolgemission freien Lauf.

Die Mission
Cassini-Huygens

Es war klar, dass die aufregenden Ergebnisse der Mission Appetit auf mehr machten. Sowohl für Jupiter als auch für Saturn hatten sich neue Fragen aufgetan, die mit Vorbeiflügen nicht beantwortet werden konnten. Nur Sonden, die als künstlicher Satellit die Planetenriesen umkreisen und mit Langzeitbeobachtungen alle Details und Objekte der Systeme untersuchten, würden die entscheidenden Antworten liefern. Bei Saturn kam noch ein anderer Punkt hinzu: Einiges hatte man über Titan erfahren, doch der Mond schien nun rätselhafter als zuvor.

Ein neues Unternehmen in Richtung Ringplanet sollte auch einen entscheidenden Schwerpunkt zur Erkundung von Titan, in Form einer Landung, setzen. Wissenschaftler auf beiden Seiten des Atlantiks diskutierten seit 1982 in kleinen Zirkeln über eine solche Mission. Eine gemeinsame Arbeitsgruppe unter dem Dach der European Science Foundation und der National Academy of Science in den USA bildete die Plattform. Aus Europa kam dann der Vorschlag für einen Saturn-Orbiter und eine spezielle Titan-Sonde, wobei es auf der Hand lag, dass ein solches Projekt nur in Zusammenarbeit mit den Amerikanern eine realistische Chance hatte. Hier setzte sich Tobias Owen, seit langem an den Planetenmissionen der NASA beteiligt, mit Nachdruck und guten Argumenten vor allem für die Titan-Erkundung ein. In Europa waren es der Franzose Daniel Gautier, schon bei Voyager dabei, und Wing-Huen Ip, aus Taiwan stammend und am Max-Planck-Institut für Aeronomie tätig, die der ESA, der europäischen Raumfahrtorganisation, einen Vorschlag für eine Titan-Landermission unterbreiteten.

Auf gleicher Augenhöhe

1983 empfahl ein Fachkomitee der amerikanischen Akademie der Wissenschaften der NASA, eine kombinierte Titan-Sonde in ihr Kernprogramm aufzunehmen. Die primären Ziele: Sowohl eine Radar-Kartierung als auch eine direkte Sondierung durch eine abzusetzende Tochtersonde. Doch auch über

einen Saturn-Orbiter für Langzeitstudien sollte die Weltraumbehörde nach-
denken. 1984/85 setzten sich NASA und ESA zusammen, um über ein technisch machbares und finanziell tragfähiges Konzept einer Saturn-Titan-Ex-
pedition zu diskutieren. 1986 gab das für die Wissenschaft zuständige Pro-
grammkomitee der ESA grünes Licht für die so genannte Phase-A-Studie,
die schon tiefer in die Details gehen sollte.

Bei der NASA war 1987/88 ein neues Konzept im Gespräch, das vor
allem die Kosten senken sollte: Eine standardisierte Sonde für die Exkursio-
nen ins Sonnensystem, Mariner Mark II. Gewissermaßen ein Standard-Bus,
der je nach Missionsplanung entsprechend instrumentiert werden sollte.
Das Unternehmen Saturn-Titan (Cassini) und eine Kometen-Asteroiden-Mis-
sion (CRAF) sollten als Erste diese neue Entwicklung demonstrieren.

Etwa gleichzeitig hatte man sich in Europa intensiver mit einer Titan-
Sonde befasst. Die Phase-A-Studie der ESA mit einem Industriekonsortium
unter Führung von Marconi Space Systems ließ bereits die Konfiguration
jener Sonde erkennen, die dann den Namen Huygens tragen sollte.

Bei der NASA sah es zunächst ganz gut aus. Sowohl Cassini als auch
CRAF kamen 1989 in der Finanzplanung durch. NASA und ESA luden nun
die internationale Wissenschaftlerszene ein, Vorschläge für Experimente zu
unterbreiten. 1992 erlebte die amerikanische Raumfahrtbehörde jedoch ein
Debakel: Aus Kostengründen wurde die viel gepriesene neue Entwicklungs-
linie Mariner Mark II gestoppt, CRAF wurde ganz gestrichen und Cassini
musste massiv abspecken. Die Sonde fiel nun kleiner aus und sollte mecha-
nisch vereinfacht werden. Der neue NASA-Chef Dan Goldin, der mit der
Devise „faster, better, cheaper" (schneller, besser, billiger) angetreten war,
sah sich seit Mitte 1992 unter massivem Druck des Kongresses, Cassini endgültig zu kippen, und er schien nicht ganz abgeneigt, das auch tatsächlich zu
tun. Es war letztlich wohl das massive Schreiben des Generaldirektors der
ESA, Jean-Marie Luton, das die entscheidende Wende herbeiführte. Gerichtet am 14.6.1994 an Al Gore, den Vizepräsidenten der Vereinigten Staaten,

29 Mit der Titan 4B Trägerrakete geht Cassini-Huygens von Cape Canaveral aus am 15.10.1997 auf seine lange Reise.

den Außenminister und die NASA-Spitzen, wies Luton auch auf den politischen Schaden hin, den dieser Rückzieher aus einer so weit reichenden bilateralen Vereinbarung anrichten würde. Man besann sich eines besseren, Cassini blieb auf der Agenda der NASA.

Die letzte „Dinosaurier-Mission" startet

Das alles war schon Geschichte, als Cassini-Huygens am 15.10.1997, 10:43 Uhr MEZ vom Startkomplex 40 der Cape Canaveral Air Force Station abhob. 5712 Kilogramm Fracht wurden auf eine lange Reise geschickt: Davon entfielen 2150 Kilogramm auf den Cassini-Orbiter, 320 Kilogramm auf die Huygens-Sonde, 125 Kilogramm auf ein Adaptersystem und schließlich 3132 Kilogramm auf Treibstoffe, also rund 55 Prozent der Startmasse! Knapp die Hälfte des Treibstoffs war für den Einschuss in die Umlaufbahn um Saturn bestimmt. Hinter diesen Zahlen verbirgt sich eine der komplexesten, größten und schwersten Planetensonden, die jemals gebaut wurde.

Nur die beiden sowjetischen Phobos-Raumschiffe (1988) brachten etwas mehr auf die Waage.

Der Start einer so schweren Nutzlast konnte nur mit der damals schubstärksten Trägerrakete der USA, mit der sonst nur den Militärs zur Verfügung stehenden TITAN 4B CENTAUR erfolgen. Dieser Gigant, an der Rampe mit Fracht rund 950 Tonnen schwer, kostete bereits die stattliche Summe von 422 Millionen Dollar. Und da gerade von Geld die Rede ist: Die Kosten des Unternehmens, so die Angaben der NASA, belaufen sich auf insgesamt 3,27 Milliarden Dollar, davon tragen die Europäer 660 Millionen Dollar. Diese Summe setzt sich zusammen aus 500 Millionen, die von der ESA kommen, und 160 Millionen Dollar von der italienischen Raumfahrtagentur (ASI).

Mehr als 4300 Personen aus 17 Nationen haben für das Projekt gearbeitet, 260 Wissenschaftler sind mit der Forschung „vor Ort" beschäftigt. Der große Orbiter wurde – federführend durch das JPL – in den USA gebaut. Für Huygens war ein europäisches Firmenkonsortium unter Führung von Alcatel (Frankreich) verantwortlich. Aus Italien kamen kam die große Antenne für Cassini und anderes Zubehör für die Funktechnik.

Cassini ist zweifellos eine eindrucksvolle Sonde: 6,8 Meter hoch und 4 Meter breit mit einem auffälligen 11 Meter langen Ausleger, an dem sich das Magnetometer befindet. Stabförmige Antennen, rund 10 Meter lang, in Y-Form angeordnet, gehören zum Plasmawellen-Experiment. Nicht weniger ins Auge springend: Die Vier-Meter-Hochleistungsantenne, die für die Daten- und Bildübertragung zur Erde genutzt wird. Sie erfolgt im so genannten X-Band (7,2 und 8,4 Ghz) mit einem Sender von 20 Watt Leistung. Zwei weitere Antennen mit nur geringer Richt- und Bündlungswirkung sind für Notfallsituationen gedacht.

Ihre Energie bezieht die Sonde, wie alle ihre Vorgänger auch, aus RTGs. Drei dieser Aggregate liefern insgesamt 885 Watt elektrischer Leistung, die gegen Ende der Mission (2008) auf 633 Watt abgesunken sein wird. Jede dieser Batterien enthält rund 32 Kilogramm Plutoniumoxid. Als diese Grö-

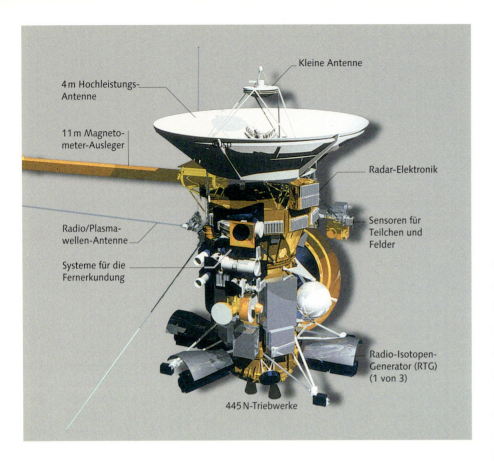

4 m Hochleistungs-Antenne

Kleine Antenne

11 m Magneto-meter-Ausleger

Cusp

Radar-Elektronik

Radio/Plasma-wellen-Antenne

Sensoren für Teilchen und Felder

Systeme für die Fernerkundung

Radio-Isotopen-Generator (RTG) (1 von 3)

445 N-Triebwerke

🔶 **30** Cassini – eine multifunktionelle Raumsonde und Mutterschiff für Huygens.

ßenordnung einer breiteren Öffentlichkeit bekannt wurde, starteten Umweltschützer und Gegner der Atomenergie in den USA eine groß angelegte, aggressive Kampagne gegen den Start und mobilisierten auch die Gerichte. In Horrorszenarien wurden katastrophale Folgen eines möglichen Fehlstarts beschrieben. Vor allem drohe Gefahr durch freigesetztes fein verteiltes Plutonium, das, über die Lunge aufgenommen, stark krebserregend sei. Die NASA setzte dem eine detaillierte Beschreibung der extrem hoch gesicherten Radio-Isotopen-Generatoren entgegen. Ihr wichtigstes Argument: In den RTGs liegt das Plutoniumoxid als Hartkeramik vor und kann in keinem noch so extremen Katastrophenfall Dampf oder Feinstaub bilden, der dann eingeatmet werden könnte. Letztlich lief die Aktion der Umweltschützer ins Leere, Cassini konnte, wie geplant, pünktlich starten. Nur am Rande erwähnt: An Bord des Orbiters befinden sich 82 kleine Heizelemente, die RHUs (Radionuclide Heater Units), 35 in Huygens, mit je 2,7 Gramm Plutoniumoxid, dessen Zerfallswärme hier direkt genutzt wird.

Genauer betrachtet weist die Sonde eine zylindrische Grundstruktur mit mehreren Ebenen auf. 22 000 Steck- und Kabelverbindungen mit insgesamt 12 Kilometer Kabel verbinden die einzelnen Komponenten. In der unteren Gerätebucht läuft die Energieversorgung aus den RTGs zusammen. Dort befindet sich auch das Antriebsmodul mit den beiden Triebwerken mit je 445 Newton Schubkraft, von denen nur eines zum Einsatz gekommen ist. Das zweite war und ist als Ersatz vorgesehen und wird beim Ausfall von Nr. 1 automatisch vom Bordcomputer gestartet. Auch hier hat man auf die in der Raumfahrt so bewährte Kombination Distickstofftetroxid und Monomethylhydrazin zurückgegriffen, ein so genannter hypergoler Treibstoff, bei dem diese Komponenten bei Kontakt spontan miteinander reagieren, ohne dass es eines Zündmechanismus bedarf.

Für kleinere Korrekturen der Raumlage der Sonde sind 16 „Mini"-Triebwerke an Bord. Im Gegensatz zu Voyager, wo die beobachtenden Experimente wie z. B. Kameras und Spektrometer auf einer schwenkbaren Plattform angeordnet waren, sind sie bei Cassini fest am Sondenkörper montiert. Das heißt, die Sonde als Ganzes muss zur Beobachtung optimal positioniert und stabilisiert werden. Diese großen Änderungen und Fixierungen der Raumlage von Cassini werden mittels dreier Reaktionsschwungräder erreicht, ein viertes ist in Reserve. Ein solches Rad ist im Prinzip nichts anderes als ein Kreisel, also eine rotierende Masse. Es hat einen elektrischen Antrieb, womit man es beschleunigen und bremsen kann. Beschleunigt man die Rotation des Reaktionsschwungrades, bewegt sich die Sonde nach dem klassischen Gesetz Actio = Reactio in die entgegengesetzte Richtung. So kann man z. B. Cassini drehen. Drei solcher Räder, die mit ihren Rotationsachsen zueinander jeweils einen rechten Winkel bilden, dienen dazu, die Sonde frei um alle Achsen drehen zu können.

Im obersten „Stockwerk", direkt unter der Hauptantenne, befindet sich neben anderen wichtigen Systemen die Bordelektronik mit dem zentralen Computer. Technologisch repräsentiert er den Stand Ende der achtziger Jahre, dennoch – so die Erfahrungen bis zum Beginn des Jahres 2006 – war er bisher ein Garant für den Erfolg der Mission.

Die gerade erwähnte feste Montage der Experimente am Sondenkörper hat natürlich Konsequenzen: „Live-Sendungen" aus dem Saturn-Orbit kann es nicht geben, da Cassini, je nach Motiv, sich ständig in andere Richtungen drehen muss. Die große Hauptantenne zeigt dabei überall hin, nur nicht zur Erde. Also müssen die gewonnenen Informationen gespeichert werden. Zwei RAM-Speicher, wie sie heute in den USB-Speichern alltäglich sind, mit einer Kapazität von je zwei Gigabit sammeln 16 Stunden Daten aus dem Saturnsystem, die dann acht Stunden lang zur Erde übermittelt werden.

Cassinis Experimente

An Bord des Orbiters sind 12 Instrumente installiert, primär aus den USA, zwei davon stammen aus Europa. Grundsätzlich sind, so die Philosophie, bei allen Experimenten – und das gilt auch für Huygens – immer Wissenschaftler von dies- und jenseits des Atlantiks vertreten. Für das Missionsmanagement sind bei der NASA verantwortlich: Mark Dahl und Robert T. Mitchell. Als Projektwissenschaftler fungieren Dennis Matson und Linda Spilker als seine Stellvertreterin. Auf der ESA-Seite liegen diese Funktionen bei Jean-Pierre Lebreton in einer Hand.

Sehen wir uns zunächst Cassinis Sensoren etwas näher an, wobei die „offiziellen" Abkürzungen der Beschreibung der Experimente jeweils vorangestellt sind. Die „Chefs" der einzelnen Experimente, die Principal Investigators (PI), dürfen natürlich in dieser Zusammenstellung nicht fehlen.

CAPS (*Cassini Plasma Spectrometer*). Wie der Name bereits erkennen lässt, wird mit ihm das Plasma im Magnetfeld des Planeten untersucht. CAPS besteht aus drei Geräten: zwei Ionen- und ein Elektronenspektrometer.
PI: David T. Young, Southwest Research Institute, San Antonio, Texas.

INMS (*Ion and Neutral Mass Spectrometer*). Die Magnetosphäre des Ringplaneten ist gefüllt mit geladenen und neutralen Teilchen, deren Zusammensetzung mit INMS bestimmt wird.
PI: J. Hunter Waite, University of Michigan, Ann Arbor, Michigan.

MAG (*Dual Technique Magnetometer*). Das ausgedehnte Magnetfeld von Saturn steht in enger Wechselwirkung mit dem Sonnenwind, verändert je nach dessen Intensität seine räumliche Ausdehnung und Feldstärken. MAG untersucht diese Variationen.
PI: Ursprünglich David Southwood, Imperial College, London, nach seiner

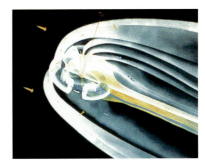

„Beförderung" zum Wissenschaftsdirektor der ESA ist nun Michelle Dougherty, ebenfalls vom Imperial College, für das Experiment verantwortlich.

MIMI (*Magnetospheric Imaging Instrument*). Mit Hilfe dreier Detektoren wird das Magnetfeld nicht nur vermessen, sondern auch bildhaft dargestellt. Dabei werden Ladungszustand, Zusammensetzung und die Energieverteilung der ionisierten Teilchen und Elektronen registriert.
PI: Stamatios M. Krimigis, Johns Hopkins University, Laurel, Maryland.

RPWS (*Radio und Plasma Wave Science*). Hier stehen ebenfalls die elektrischen und magnetischen Felder im Mittelpunkt. Gemessen werden unter anderem die Elektronendichte und die Temperaturen.
PI: Donald A. Gurnett, University of Iowa, Iowa City, Iowa.

CDA (*Cosmic Dust Analyzer*). Er dient zur Untersuchung von Eis- und Staubpartikeln und kann gleichzeitig die elektrische Ladung, Geschwindigkeit, Flugrichtung und Masse der einzelnen Teilchen bestimmen. Zusätzlich ermöglicht der CDA, entwickelt am Max-Planck-Institut für Kernphysik in Heidelberg, auch deren chemische Zusammensetzung zu ermitteln. Ein spezieller Detektor kann bis zu 10 000 Teilchen pro Sekunde registrieren.
PI: Ralf Srama, Max-Planck-Institut für Kernphysik, Heidelberg.

In den Fokus der Öffentlichkeit gelangen planetare Missionen meist nur durch spektakuläre Bilder. Auch für diesen Aspekt ist Cassini technisch perfekt ausgestattet.
ISS (*Imaging Science Subsystem*). Damit ist nicht etwa die Internationale Raumstation gemeint, sondern ein Kamerasystem für Schwarz-Weiß- und auch Farbaufnahmen. Sie werden vorwiegend für die geologische Interpretation des Gesehenen, aber auch für das Verständnis der meteorologischen Vorgänge in den Atmosphären von Saturn und Titan genutzt. Eine Kompo-

⚠ **31** Die 12 Experimente von Cassini konzentrieren sich auf vier Schwerpunkte: Auf den Planeten und seine Ringe, auf Titan sowie auf die Vielfalt der Monde und schließlich auf die ausgedehnte Magnetosphäre. Die detaillierte Beschreibung der an Bord befindlichen Systeme macht deutlich, wie umfangreich und Experiment übergreifend der Forschungsansatz ist.

Spektrum und Spektrometer

Bekanntlich kann man weißes Licht mit Hilfe z. B. eines Prismas in seine verschiedenen Farben bzw. Wellenlängen aufspalten und erhält so ein Spektrum. Das gilt auch für die gesamte Palette der elektromagnetischen Strahlung, die, geordnet von längeren nach kürzeren Wellenlängen, folgende Bereiche umfasst: Radiowellen, Mikrowellen, Infrarotstrahlung (IR), sichtbares Licht, ultraviolette Strahlung (UV), Röntgenstrahlung, Gammastrahlung. Für alle diese Bereiche existieren spezielle Techniken, um sie in einzelne Wellenlängen – also in ein Spektrum – zu zerlegen und deren Intensitäten zu messen. Diese Spektrometer umfassen bei Cassini das Strahlungssegment vom IR bis zum UV. Welche Informationen dabei gewonnen werden können, wird bei den entsprechenden Experimenten ersichtlich. Die Begriffe „Spektrum" und „Spektrometer" werden heute noch weitergehend verwendet, so z. B. bei Untersuchung von Teilchen- und Plasmen-Eigenschaften und Verteilungen, wie sie uns in einer Gruppe von Bordexperimenten begegnen.

nente des Systems ist die Telekamera NAC (Narrow Angle Camera) mit zwei Meter Brennweite. Mit ihr können aus einer Entfernung von 10 000 Kilometern immerhin noch Bilder mit einer Auflösung von 60 Metern pro Bildpunkt (Pixel) gewonnen werden. Den größeren Überblick ermöglicht die Weitwinkelkamera WAC (Wide Angle Camera), mit einer Brennweite von 20 Zentimetern. Beide Kameras sind mit einem Set von Spektralfiltern ausgestattet, die auf zwei Filterrädern installiert sind. Sie umfassen einen Spektralbereich vom nahen UV bis ins nahe Infrarot (200 – 1100 Nanometer). PI: Carolyn C. Porco, Space Science Institute, Boulder, Colorado.

VIMS (*Visible and Infrared Mapping Spectrometer*). Um etwas über die chemischen Komponenten und ihre räumliche Verteilung in den Ringen und der Atmosphäre von Saturn sowie auf den Monden zu erfahren, bietet sich die Spektralanalyse des reflektierten Lichts an. VIMS enthält, in Verbindung mit einem Cassegrain-Teleskop, zwei Spektrometer-Einheiten: Eine für den Bereich des sichtbaren Lichts VIMS-V (350 – 1150 Nanometer) und eine zweite für das Infrarot (VIMS-IR, 0,85 – 5,1 Mikrometer). Hier sind die charakteristischen Signaturen diverser Eise z. B. von Wasser, Kohlendioxid, Ammoniak und Methan erkennbar. Mineralgruppen wie Silikate und Oxide sowie eine Vielzahl von organischen Verbindungen zeichnen sich ebenfalls durch ihren „Fingerabdruck" im Infrarot aus. Besonders wichtig: Mit VIMS-IR ist auch ein Blick durch die dichte Titanatmosphäre bis zur Oberfläche möglich. VIMS kann Aufnahmen in 352 verschiedenen Spektralbereichen machen! PI: Robert H. Brown, Lunar and Planetary Laboratory, University of Arizona, Tucson, Arizona.

Im ultravioletten Bereich des Spektrums, der ja für erdgebundene Beobachtungen durch das „schmutzige Fenster" der irdischen Lufthülle unzugänglich ist, sind wichtige Informationen verborgen. Sie können uns mehr über Atmosphären, deren Fotochemie und Temperaturen sowie über die Oberflächen und Ringe verraten. Ein umfangreiches Experiment für das UV hat Cassini ebenfalls an Bord:

UVIS (*Ultraviolet Imaging Spectrograph*). Das Gerät besteht aus vier Komponenten, die Untersuchungen im Wellenlängenbereich von 56–190 Nanometer erlauben. Über ein Teleskop von 10 Zentimeter Brennweite wird das Licht auf zwei Spektrographen gelenkt. Ein spezieller Gerätekomplex ist die so genannte Wasserstoff-Deuterium-Absorptionszelle (HDAC), entwickelt vom Max-Planck-Institut für Aeronomie in Katlenburg. Mit ihrer Hilfe soll das Verhältnis von „normalem" Wasserstoff zu seinem Isotop Deuterium, dem schweren Wasserstoff, in den Atmosphären von Saturn und Titan bestimmt werden. Dieses Verhältnis ist eine wichtige Größe, die z. B. etwas über die Entstehungs- und Entwicklungsgeschichte der beiden Objekte aussagen kann. Interessant ist auch das Hochgeschwindigkeitsphotometer, mit dem Sternbedeckungen durch die Ringe oder die Atmosphäre verfolgt werden können. Dieser Technik verdanken wir wichtige Informationen über die Feinstruktur der Ringe.
PI: Larry Esposito, University of Colorado, Boulder, Colorado.

Zu den optischen Instrumenten für die Fernerkundung des Saturnsystems zählt ein weiteres Gerät für den Blick ins Infrarot:
CIRS (Composite Infrared Spectrometer). Ein Spiegelteleskop von 50,8 Zentimeter Durchmesser bedient Infrarot-Spektrometer für die Bereiche 7–9, 9–17 und 17–1000 Mikrometer. CIRS ermöglicht die Analyse der chemischen Zusammensetzung der Atmosphären von Titan und Saturn sowie die Ermittlung der Temperaturprofile. Atmosphärische Phänomene wie Wolken, Dunst oder Aerosole können näher untersucht werden. Aber auch die Temperaturen an den Oberflächen der Monde sowie deren chemische Beschaffenheit sind Beobachtungsgegenstand von CIRS.
PI: Michael Flasar, NASA Goddard Space Flight Center, Greenbelt, Maryland.

32 Dem Cassini-Radar mit der großen Vier-Meter-Antenne kommt eine Schlüsselstellung in der Erkundung des Saturnsystems und hier vor allem bei der Untersuchung von Titan zu. Die vielfältigen Möglichkeiten sind im Text auf dieser Seite unter RADAR ausführlicher beschrieben.

Auch der Einsatz und die Nutzung von Funkwellen spielen bei Cassini eine wichtige Rolle. Allen voran die Radarsondierung, die zu einem der wichtigsten Hilfsmittel zur Erkundung der Oberfläche von Titan geworden ist. Es versteht sich von selbst, dass diese vielseitige Technik auch bei der Untersuchung der anderen Trabanten und der Ringe wichtige Ergebnisse liefert. Als Antenne dient die große Vier-Meter-„Schüssel", die ja primär für Datenübertragung zur Erde eingesetzt wird.

RADAR. Das Radar an Bord kann in vier verschiedenen Funktionen eingesetzt werden. Im so genannten Bildmodus sendet das Radar Impulse aus verschiedenen Winkeln z. B. in Richtung Titanoberfläche. Gemessen wird die Laufzeit der Pulse bis zu ihrer Rückkehr. Aus den Daten wird ein Bild des „beleuchteten" Oberflächensegmentes berechnet.

Zur Erstellung von Höhenprofilen der Landschaft wird das Radar als Altimeter eingesetzt, mit dem man die genaue Höhe von Cassini über der Oberfläche bestimmt.

Eine weitere Informationsquelle des Radarechos ist die Energie der rückgestreuten Pulse. Die Reflexion der Signale an einer eisbedeckten Fläche sieht ganz anders aus als an einer, die etwa aus rauem Material besteht. Diese Arbeitstechnik vermittelt also Hinweise über die physikalische und chemische Beschaffenheit der untersuchten Oberfläche.

Schließlich kann RADAR auch in einem passiven Modus eingesetzt werden, indem es die Strahlung aufnimmt, die von einer „warmen" Oberfläche bzw. Atmosphäre herrührt. Diese Daten sind im Kontext mit den Informationen der anderen Experimente von Bedeutung.

PI: Charles Elachi, Jet Propulsion Laboratory, Pasadena, Kalifornien.

Ein Experiment ist bei allen Vorstößen in den interplanetaren Raum immer dabei, ohne dass es zusätzlicher Geräte bedarf:

RSS (*Radio Science Subsystem*). Hier werden die an Bord vorhandenen Sender zusammen mit den irdischen Bodenstationen genutzt. Verfolgt man die Veränderungen der Signale beim Durchgang durch die Ringe oder die Atmosphären und Ionosphären von Titan und Saturn, so erhalten wir Daten über Temperaturen, Drücke und auch über die Zusammensetzung.

Die präzise Analyse der empfangenen Signale liefert Informationen über das Schwerefeld der einzelnen Objekte und damit auch über ihren inneren Aufbau. Während des langen Fluges hat man mit Hilfe des RSS auch nach Gravitationswellen gesucht, die möglicherweise tief im Universum entstehen und in den Signalen der Sonde in Richtung Erde sich bemerkbar machen könnten. Allerdings dürfte es sich dabei nur um einen extrem kleinen Effekt handeln, der – wenn vorhanden – nur sehr mühsam aus den Daten „herausdestilliert" werden kann.

PI: Arvydas J. Kliore, Jet Propulsion Laboratory, Pasadena, Kalifornien.

Was wäre aber ein solches Unternehmen ohne Mitwirkung jener Experten, die ihr Wissen und ihre Erfahrungen über die einzelnen Experimente hinweg einbringen können? Diese „Interdisciplinary Scientists", meist schon bewährt in vorangegangenen Missionen, sind oft das Salz in der Suppe. Sechs hochkarätige Wissenschaftler begleiten neben den PIs und ihren Teams das Cassini-Programm: Larry Soderblom (US Geological Survey), Jeffrey Cuzzi (NASA Ames Research Center), Tobias Owen (University of Hawaii), Darrell Strobel (Johns Hopkins University), Michel Blanc (Observatoire Pic du Midi) und Tamas Gombosi (University of Michigan).

Huygens – die ganz andere Sonde

Europas Anteil an dieser Mission, die Tochtersonde Huygens, hat bereits Geschichte geschrieben, und ihr Erfolg wird noch für lange Zeit Maßstäbe setzen. Das war durchaus nicht von Anfang an abzusehen. Es gab in der Planung strenge, nahezu unumstößliche Vorgaben hinsichtlich der Masse und den Abmessungen von Huygens. Außerdem war klar, dass die Sonde während der langen Reise zum Saturn rund sieben Jahre im „Tiefschlaf" verharren, nach ihrem „Aufwachen" aber perfekt funktionieren musste.

In der Entwicklungsphase wurde über die Zielvorstellungen durchaus kontrovers diskutiert. Sollte Huygens primär die Atmosphäre untersuchen? Oder versprach eine weiche Landung mit einer umfangreichen Sammlung von Daten die interessantere Ausbeute? Da es über die Beschaffenheit der Oberfläche nur Spekulationen gab, die bis hin zu Ozeanen aus flüssigem Methan reichten, schien der technische Aufwand für einen üppig instrumentierten Lander die festen Vorgaben zu sprengen.

Schließlich einigte man sich auf einen Kompromiss. Beim federführenden Industriekonsortium Alcatel (heute EADS) entstand unter Begleitung von ESTEC, dem Technologiezentrum der ESA im niederländischen Nordwijk, eine Sonde, die sowohl die Atmosphäre als auch die Oberfläche untersuchen konnte. Knapp 320 Kilogramm war Huygens selbst schwer, wobei auf die sechs Experimente 49 Kilogramm entfielen. Zusätzlich befanden sich im Cassini-Orbiter 30 Kilogramm wichtiges Huygens-Zubehör wie eine Technik zur Abtrennung der Sonde, ein Verbindungsnetz, gewissermaßen die „Nabelschnur", über das während der langen Reise zum Ringplaneten die Energieversorgung und Datenverbindung sichergestellt wurde. Zwei weitere wichtige Geräte waren der Empfänger für die Lander-Daten sowie ein ultrastabiler Frequenzgeber, dem eine wichtige Rolle beim Doppler-Wind-Experiment zugedacht war.

Huygens selbst bestand aus zwei Komponenten, dem Entry Assembly Module (ENA) und dem Descent Module (DM). Oft wurde die Sonde mit einem Schalentier verglichen, wobei ENA der schützenden Kruste entspricht. Sie umschloss während des Eintritts in die Titan-Atmosphäre das DM, das Abstiegsmodul. Sichtbares Zeichen des ENA war der Hitzeschutzschild von 2,75 Meter Durchmesser, 79 Kilogramm schwer, der der Sonde das Aussehen eines chinesischen Woks verlieh. Seine primäre Aufgabe:

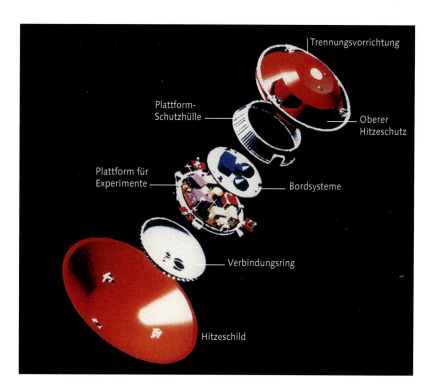

Trennungsvorrichtung

Plattform-
Schutzhülle

Oberer
Hitzeschutz

Plattform für
Experimente

Bordsysteme

Verbindungsring

Hitzeschild

Schutz vor der maximalen Wärmebelastung im Höhenbereich von 220–300 Kilometer über der Oberfläche von Titan. Hier hatte die eintretende Sonde immerhin noch eine Geschwindigkeit von rund 20 Mach, wobei am Schild Temperaturen bis 1500 °C auftraten. Innerhalb von Huygens durfte die Temperatur nicht über 50 °C ansteigen. Die Sonde erlebte während des Abstiegs ein Wechselbad extremer Temperaturen. Nach der Hitze kam der Kälteschock. Die Temperatur sank in der Atmosphäre bis auf unter −200 °C ab, mit einem Minimum in der Troposphäre von −202,8 °C.

▲ **33** Der Aufbau der Huygens-Sonde – Europas erfolgreicher Titan-Lander.

Zum Schutz der Experimente vor diesen Extremen wurde das gasdicht versiegelte „Thermal Subsystem" entwickelt. Dabei handelt es sich um eine Kombination von Isolier- und Heizschichten. Hier schlug dann auch die Stunde der 35 kleinen Radioisotopen-Elemente, der RHUs, die mit ihrer Wärmeproduktion die Elektronik der Experimente vor dem Auskühlen schützten. Auf der Gegenseite des Hitzeschildes wurde das ENA durch eine Art „Deckel", das schalenförmige „Back Cover" abgeschlossen. Auch er bestand aus hitzefestem Material und enthielt unter anderem den kleinen Pilotfallschirm von 2,59 Meter Durchmesser. Nach seiner Öffnung zog er das Back Cover weg und gab den Hauptfallschirm frei.

Ein „Six Pack" für Titan

Wissenschaftler aus zehn europäischen Ländern und den USA sind an den sechs Experimenten an Bord von Huygens beteiligt. Obwohl die erfolgreiche Landung bereits Geschichte ist, wird die detaillierte Auswertung der gewonnenen Informationen noch einige Zeit in Anspruch nehmen, insbesondere auch im Kontext neuer Cassini-Daten, die noch bei zahlreichen Nahbegegnungen zu erwarten sind.

DWE (*Doppler Wind Experiment*). Ein wichtiger Parameter zum Verständnis der Titan-Atmosphäre ist das Höhenprofil der Windgeschwindigkeiten. Wie verhält sich die Sonde beim Abstieg, rotiert oder schwingt sie? Effekte dieser Art lassen Rückschlüsse auf die Dynamik der Atmosphäre zu. Basis dieser Untersuchungen ist die Messung winziger Frequenz-Änderungen der Funksignale. Dies funktioniert aber nur, wenn die Referenzfrequenz extrem stabil ist. Cassini und Huygens wurden deshalb mit einem Aggregat ausgestattet, das bei 10,000 000 Megahertz +/– 0,1 Hertz arbeitete.
PI: Michael K. Bird, Universität Bonn.

DISR (*Descent Imager/Spectral Radiometer*): Dieses Paket von Instrumenten nutzte die Drehung der Sonde während des Abstiegs für eine Vielfalt von Messungen und Aufnahmen in allen Blickrichtungen und Spektralbereichen vom UV bis zum nahen Infrarot. Dabei interessierten in der Atmosphäre die Eigenschaften der Aerosole, die für die braune Färbung verantwortlich sind ebenso wie eventuelle Dunstschichten aus kondensierten Kohlenwasserstoffen. Ein weiterer Höhepunkt waren die kontinuierlichen Aufnahmen der Mondoberfläche während des Abstiegs. Alle Informationen wurden von einem CCD-Array aufgenommen. Im Gegensatz zu unserer heimischen Digitalkamera war hier der Sensor in neun Felder mit verschiedenen Aufgaben aufgeteilt.

Zusätzlich zu diesem vom Max-Planck-Institut für Aeronomie entwickelten Gerät zählten noch zwei einfache Spektrometer für den ultravioletten Bereich des Spektrums zum DISR. Es liegt auf der Hand, dass ein so komplexes System, vor allem bei der Bildaufnahme, große Datenmengen produziert. Da die Übertragung von Huygens zur „Funkbrücke" Cassini in Echtzeit geschehen musste und damit im Datenvolumen begrenzt war, mussten die Bilder stark komprimiert werden. Die entsprechende Technik wurde von Wissenschaftlern der TU Braunschweig entwickelt.
PI: Marty Tomasko, University of Arizona, Tucson, Arizona.

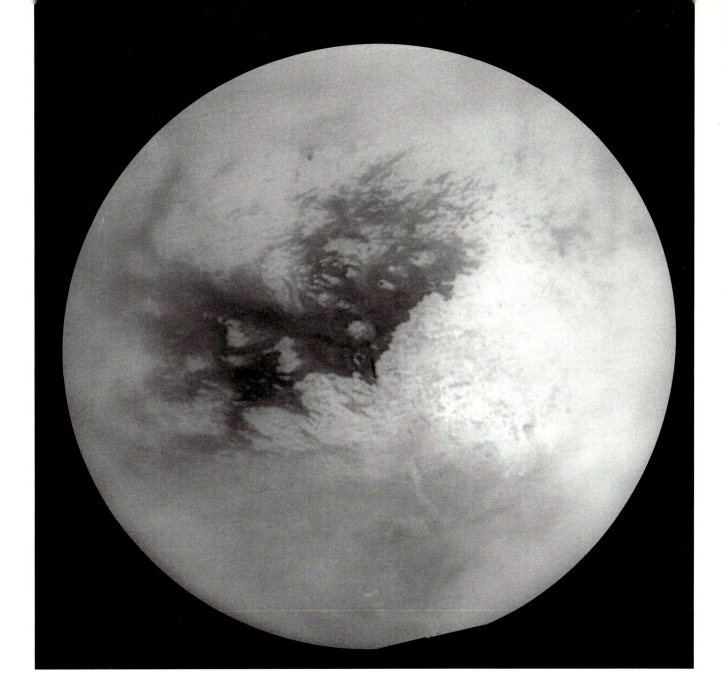

HASI (*Huygens Atmospheric Structure Instrument*). Das ist nicht etwa der Kosename für eine charmante Wissenschaftlerin, sondern ein Experiment, mit dem die physikalischen und elektrischen Eigenschaften der Atmosphäre während des Abstiegs und nach der Landung untersucht werden sollten. Die Parameter Druck, Temperatur, Dichte, elektrische Leitfähigkeit sowie das Auftreten von Blitzen und Turbulenzen wurden mit verschiedenen Sensoren erfasst. Aber auch nach der Landung sollte HASI wichtige Daten liefern. Wäre der Lander etwa in einem Methan-See niedergegangen, so hätte man aus der Bewegung der Sonde direkt Wellenhöhen ableiten und so auch auf die Windgeschwindigkeiten schließen können.

△ 34 Cassini sieht Titan. Hier ein Mosaik aus 16 Aufnahmen vom Februar 2005, aufgenommen aus Entfernungen zwischen 226 000 und 242 000 km. Die Falschfarben-Aufnahme auf Seite 66 lässt am Rand des Mondes (oben links) die Atmosphäre (rot) erkennen. Hingegen sind die Oberflächendetails nur schwach ausgeprägt.

PI: Marcello Fulchignoni, Université de Paris, Observatoire de Paris – Meudon.

SSP (*Surface Science Package*). „Falls die Huygens-Sonde die Landung auf der Titan-Oberfläche übersteht, wird eine Reihe einfacher Sensoren versuchen, die Oberflächeneigenschaften zu bestimmen." Das konnte man in einer ESA-Dokumentation lesen, erschienen Monate vor der Landung, die die Experimente vorstellte. Wir wissen heute, dass die neun Messkomplexe des SSP exzellente Ergebnisse geliefert haben. Ihr Inventar: Zwei Beschleunigungsmesser, zwei Neigungssensoren, eine Temperatursonde, zwei Schallsensoren, ein Gerät zur Ermittlung der Leitfähigkeit, eine Messeinheit zur Bestimmung der Lichtverhältnisse und für den Fall der „nassen" Landung ein System zur Messung der Dichte von Flüssigkeiten. Ein Sonarsystem hätte im Fall einer „nassen" Landung Informationen über die „Meerestiefe" geliefert.

PI: John Zarnecki, Open University, Milton Keynes, England.

GCMS (*Gas Chromatograph Mass Spectrometer*). Seit Voyager kannte man zwar in etwa die Bestandteile der Atmosphäre von Titan, in der Stickstoff dominiert. Huygens eröffnete jedoch die Möglichkeit, eine genauere chemische Analyse von 170 Kilometern über Grund an bis hin zur Oberfläche durchzuführen. Auch Aerosole und verdampfendes Oberflächenmaterial sollten Gegenstand der Untersuchung sein.

PI: Hasso Niemann, NASA Goddard Space Flight Center, Greenbelt, Maryland.

ACP (*Aerosol Collector And Pyrolyser*). Woraus besteht das braune Aerosol, das der Atmosphäre ihre charakteristische Färbung verleiht? Es bestand nie ein Zweifel daran, dass es sich um organische Verbindungen, um Polymerisate handeln musste. Das ACP sammelte während des Abstiegs in 160 Kilometer Höhe eine Probe und eine zweite in den Wolkenschichten um 20 Kilometer Höhe. Das gewonnene Material wurde für eine eingehende Untersuchung im GCMS aufbereitet. Zwei Prozeduren kamen dafür zum Zug: In einem kleinen Ofen wurde die Proben entweder bei 250 °C verdampft oder bei 600 °C zersetzt. Der Dampf bzw. die Pyrolyse-Produkte gelangten dann in den Gaschromatographen bzw. in das Massenspektrometer.

PI: Guy Israel, CNRS Service d'Aéronomie, Verrières-le-Buisson.

Auch hier sind fachübergreifend Wissenschaftler eingebunden, die sich primär mit Titan befasst haben. Wie nicht anders zu erwarten Daniel Gautier vom Observatoire de Paris, Jonathan Lunine von der University of Arizona, Tucson und Francois Raulin, Laboratoire de Physique, Universität Paris.

Eine Reise mit Umwegen

Cassini-Huygens wurde mit einer der leistungsfähigsten Trägerraketen gestartet, die der Raumfahrt zur Verfügung standen. Dennoch reichte der zur Verfügung stehende Treibstoff bei weitem nicht aus, um die Sonde auf direktem Kurs zum Saturn zu schicken. Die letzte Raketenstufe hätte die Fracht auf über 15 km/s beschleunigen müssen, wobei die Reisezeit rund 11 Jahre betragen hätte. Roger Diehl und Chen-Wan Yen vom JPL in Pasadena tüftelten eine komplizierte Flugbahn aus, eine schleifenreiche Reise scheinbar kreuz und quer durch das Sonnensystem. Raffiniert wurde hier die Swingby-Technik – oder um einen vielleicht anschaulicheren Begriff zu benutzen: „Gravity Assist", Schwerkraft-Unterstützung – eingesetzt. Vier gezielte Vorbeiflüge, zweimal an Venus, an der Erde und an Jupiter lieferten für die Sonde den Zuwachs an Geschwindigkeit, der sonst nur mit zusätzlichen 68 Tonnen Treibstoff erreichbar gewesen wäre! Am 26. April 1998 wurde in 287 Kilometer Höhe der Erdennachbar Venus passiert und dann Cassini-Huygens in Richtung Mars gelenkt. Nahe der Bahn des roten Planeten wurde das Haupttriebwerk gezündet und damit 0,4 km/s an Geschwin-

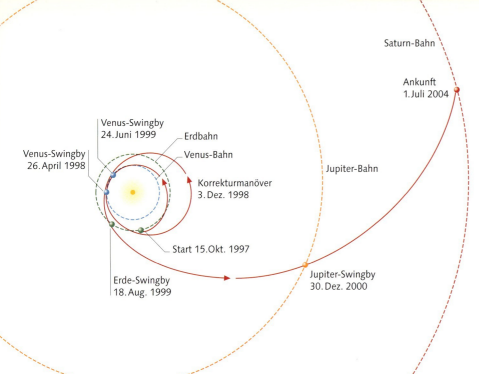

Saturn-Bahn

Ankunft
1. Juli 2004

Venus-Swingby
24. Juni 1999

Erdbahn

Venus-Swingby
26. April 1998

Venus-Bahn

Jupiter-Bahn

Korrekturmanöver
3. Dez. 1998

Start 15. Okt. 1997

Erde-Swingby
18. Aug. 1999

Jupiter-Swingby
30. Dez. 2000

35 Viermal musste Cassini-Huygens auf seiner langen Reise zum Saturn Schwung holen: zweimal bei Venus, je einmal an der Erde und am Jupiter.

digkeit zugelegt. Wieder ging es in Richtung Venus. Das Manöver war so genau, dass die Sonde am 24. Juni 1999 exakt im geplanten Korridor in 603 Kilometer Höhe über der Planetenoberfläche vorbeiflog.

Man nutzte die Gelegenheit, das eine oder andere Cassini-Experiment an Venus zu testen. So wurden mit dem Radar einige Regionen des von einer für den visuellen Bereich undurchsichtigen Wolkendecke umschlossenen Planeten genauer kartiert, als es mit der berühmten Magellan-Radarmission (1990–1994) möglich war. Gängig war bis dahin die Vorstellung, dass es in der Atmosphäre unseres Nachbarn permanent Gewitter und Blitze geben würde. Cassini konnte im Vorbeiflug davon nichts registrieren. Sind Venus-Gewitter also eher selten oder gar nicht vorhanden?

Der Flug führte dann direkt zur Erde, die am 18. August 1999 in der Rekordzeit von nur 54 Tagen und acht Stunden erreicht wurde. 1771 Kilometer betrug die größte Annäherung, die über dem Südpazifik stattfand. Während der Passage waren einige Sensoren auf die Erde gerichtet, fotografiert wurde jedoch nur der Mond, gewissermaßen als Test für das ISS-Kamerasystem. Andere Experimente wurden nicht aktiviert, denn es bestand die Gefahr einer Aufheizung durch die Sonneneinstrahlung. Deshalb hatte man die große Parabolantenne als Schutzschirm in Richtung Tagesgestirn gedreht. Auf dem Kurs in das äußere Sonnensystem passierte die Sonde seit dem 4. Januar 2000 den Asteroidengürtel. Leider kam es nicht zu einer Nahbegegnung mit einem der interessanten Objekte dieser Population. Lediglich der Winzling Masursky wurde in 1,5 Millionen Kilometer Abstand passiert, nur als Lichtpünktchen auf den Aufnahmen sichtbar.

Die Swingby-Manöver

Vier gezielte Swingby-Manöver, zweimal an Venus, je einmal an der Erde und an Jupiter lieferten Cassini-Huygens den Zuwachs an Geschwindigkeit, den die Sonde benötigte, um das Ziel zu erreichen.

Michael Khan, Missionsanalyst im ESA-Kontrollzentrum ESOC, Darmstadt erläutert: „Cassini-Huygens hat während seiner langen Reise zum Saturn folgende Geschwindigkeitsänderungen, genauer gesagt sind es vektorielle Änderungen, erfahren: 7 km/s (erster Venus Swingby) +0,4 km/s (Bahnmanöver nahe Marsbahn) +6,7 km/s (zweiter Venus Swingby) +5,5 km/s (Swingby an der Erde) +2,3 km/s (Jupiter Swingby). Das macht zusammen 21,9 km/s, von denen aber nur 0,4 km/s von Triebwerken aufgebracht wurden, den Rest gab es sozusagen gratis. Die Reisedauer lag bei weniger als sieben Jahren."

Von diesem eindrucksvollen Gewinn geht allerdings wieder einiges durch die Gravitationswirkungen der Objekte im Sonnensystem, allen voran durch die Sonne selbst, verloren. Daher ist die Summe der Zuwächse nicht etwa mit der Geschwindigkeit von Cassini-Huygens gleichzusetzen.

◢ **36** Bei der Erdpassage am 18. August 1999 testete man die Kamera des ISS am 377 000 km entfernten Mond. Die Aufnahmen entstanden in den Spektralbereichen Grün, Ultraviolett und Blau.

Am 30. Dezember 2000 kam es schließlich zum vierten und letzten „Gravity Assist", zur Begegnung mit Jupiter. Trotz des relativ weiten Vorbeiflugs in 9,72 Millionen Kilometer Entfernung bewirkte die zusätzliche Beschleunigung eine erneute Verkürzung der Reisezeit um knapp zwei Jahre. Doch noch lagen weit über 3,5 Jahre Flug bis zum Saturn vor Cassini-Huygens, Zeit genug für Korrekturen an der Software.

Gefahr für Huygens – kein Kontakt mit Cassini?

Im Februar 2000 stieß man bei einem Systemtest im Europäischen Kontrollzentrum ESOC in Darmstadt auf ein völlig unerwartetes Problem: Cassini als Funkbrücke zur Erde würde während der entscheidenden Phase, so wie sie geplant war, nicht in der Lage sein, die Signale von Huygens während des Abstiegs und der Landung zu empfangen. Es war der schwedische Radio-Ingenieur Boris Smeds, seit langem im Kontrollzentrum bei der ESOC in Darmstadt tätig, der auf diese die Mission gefährdende Panne stieß und dessen Hartnäckigkeit es zu verdanken ist, dass man das Ganze überhaupt detailliert untersuchte.

Bei der Entwicklung und dem Test der Kommunikation zwischen den beiden Sonden war ein kapitaler Fehler übersehen worden. Man hatte den Doppler-Effekt vernachlässigt, jene Frequenzänderung, deren Größe ausschließlich von der relativen Geschwindigkeit zwischen Sender und Empfänger abhängt. Die Doppler-Verschiebung der Sendefrequenz von Huygens war so groß, dass sie außerhalb der Bandbreite des Empfängers von Cassini lag. Was war also zu tun? Ein „Tiger-Team" aus NASA- und ESA-Experten suchte mehrere Monate nach einer realistischen Lösung. Eigentlich lag sie auf der Hand. Man musste nur die Relativgeschwindigkeiten zwischen „Mutter" und „Tochter" verringern und so die Frequenzverschiebung verkleinern. In die Praxis umgesetzt hieß das, eine neue Flugroute zu entwickeln. Das Ergebnis: Alle entscheidenden Events verschoben sich nach hinten; die

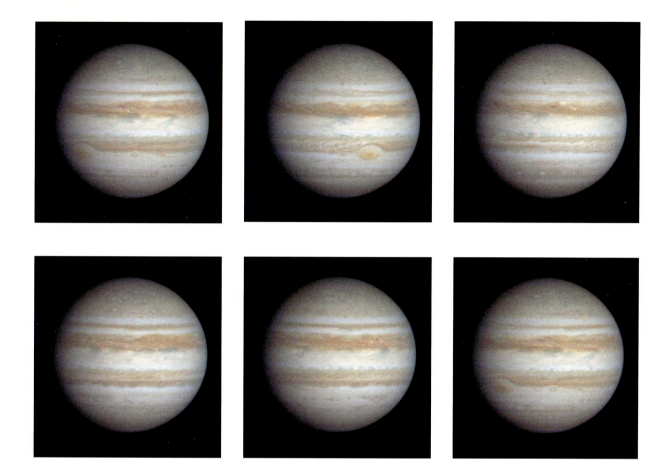

Trennung der beiden Sonden sollte nun anstatt am 6. November 2004 erst am 25. Dezember des Jahres erfolgen. Entsprechend später war dann auch der Landetermin von Huygens, der nun vom 27. November 2004 auf den 14. Januar 2005 rückte. Zum ursprünglich geplanten Landezeitpunkt hätte Cassini mit 21 000 km/h in nur 1200 Kilometer Höhe Titan passiert. Das neue Datum sah nun die Sonde im entscheidenden Moment in rund 60 000 Kilometer Entfernung mit einer Geschwindigkeit von nur noch 19 500 km/h relativ zum Titan. Damit war die Doppler-Verschiebung deutlich reduziert. Wichtig aber war die „range rate", also die Änderungsrate des Abstands während des Vorbeiflugs von Cassini. Sie war kleiner als 2 km/s und ging sogar durch Null. Auch der Orbit der Sonde um Saturn sah nun durch die neue Route anders aus, mit durchaus positiven Aspekten. Es ergaben sich zusätzlich mehrere nahe Vorbeiflüge an den Monden Dione, Japetus und Enceladus. Dazu ein Bonus besonderer Qualität: eine weitere nahe Passage an Titan vor der geplanten Landung. Erkauft wurde die nun optimale Flugroute durch einen höheren Treibstoffverbrauch beim Einschuss in den Saturnorbit.

Unter dem Eindruck dieses schwerwiegenden Problems stellte sich eine grundsätzliche Frage: War für den Höhepunkt der Mission, die Landung auf Titan, eine störungsfreie Datenübertragung zwischen dem Huygens-Lander

▲ 37 Beim Jupiter-Vorbeiflug am 22./23. Oktober 2000 hielt Cassini eine komplette Rotation des Riesenplaneten in Echtfarben fest.

38 Abschied von Jupiter. Diese Aufnahme entstand aus einer Entfernung von 13,8 Mio. km Entfernung. Links im Bild ist die schmale Sichel des Mondes Io zu erkennen.

und dem Cassini-Orbiter wirklich sicher? Man musste sich auf einen „holprigen" Abstieg des Landers durch turbulente Atmosphärenschichten einstellen, mit stark schwankenden Frequenzen und Signalstärken. Daher veranstalteten im November 2001 ESA und NASA gemeinsam einen fünftägigen Kommunikationstest. Über die 70-Meter-Antenne des Deep Space Network der NASA in Goldstone (Kalifornien) schickte man einen Datenstrom zu Cassini, wobei Signalstärke und Frequenzen dem entsprachen, was Cassini von der Huygens-Sonde während des Abstiegs in der Titan-Atmosphäre empfangen würde. Eine Reihe von möglichen Problemen wurde so getestet. Das Resultat: Die Datenübertragung von Huygens zu Cassini war selbst bei einer kräftigen Schwankung der Missionsparameter gesichert. Für das Team bei der ESOC in Darmstadt, das letztlich am 14. Januar 2005 an den Konsolen des Kontrollzentrums sitzen sollte, waren diese fünf Tage im November 2001 ein strapaziöser, aber erfolgreicher Probelauf für das eigentliche Ereignis.

Jupiter wird besichtigt

Die nahe Begegnung mit Jupiter bot eine ideale Gelegenheit, die Experimente unter realistischen Betriebsbedingungen zu erproben. Es eröffnete sich die Chance, erstmals Informationen unter Voraussetzungen zu gewinnen, die so schnell nicht wiederkehren würden. Denn seit Dezember 1995 umkreiste die amerikanische Sonde Galileo den Planetenriesen. Bilder und Daten konnten so simultan aus unterschiedlichen Perspektiven gewonnen werden.

Bekanntlich hatte Galileo ein gravierendes technisches Problem: Die große Parabolantenne konnte nach dem Start nicht aufgeklappt werden, so dass die Kommunikation nur mit stark reduzierter Datenrate erfolgen konnte. Eine kontinuierliche Beobachtung des dramatischen Wettergeschehens war deshalb kaum möglich. Cassini konnte also mit einem sechsmonatigen Beobachtungsprogramm, vom 1. Oktober 2000 bis zum 22. März 2001, eine

Lücke füllen. In diesem Zeitraum wurden 26 287 Aufnahmen von Jupiter und seinen Monden gewonnen. Im Dezember 2000 erfuhr diese Erfolgsserie eine unfreiwillige Unterbrechung: Durch den Ausfall eines Schwungrades kam es zu einem Problem mit der Lageregelung und damit zu einer zehntägigen Pause in der Beobachtungskampagne. Gerade noch rechtzeitig vor der größten Annäherung an Jupiter am 30.12.2000 konnte die Störung behoben werden.

Nur knapp sollen einige der wichtigen Ergebnisse erwähnt werden, die Cassini zur Erforschung des Planetenriesen beigetragen hat. So führten die Langzeit-Wetterbeobachtungen zu einem völlig überraschenden Schluss: Bis dahin hatte man die dunklen Wolkenbänder als sinkende Luftmassen und die hellen als aufsteigende Luftmassen interpretiert. Seit Cassini wissen wir nun, dass es genau umgekehrt ist. Aus verschiedenen Perspektiven beobachteten Cassini und Galileo gleichzeitig einen Vulkanausbruch auf Io. Diese starken Eruptionen dürften auch für das veränderliche Verhalten des Plasma-Torus, der mit dem Planeten rotiert, verantwortlich sein. Während der sechsmonatigen Vorbeiflugphase wurde er fortlaufend auf seine Temperatur und sein „Inventar" untersucht. Der schlauchförmige Ring aus ionisierten Gasen, primär Schwefel, verlor in diesem Zeitraum deutlich an Helligkeit und Substanz. Offensichtlich wird der Torus, wie schon länger vermutet, durch die Vulkanaktivität auf Io „gefüttert". Sein Zustand ist also eine Art Spiegelbild des Geschehens auf dem feurigen Jupitertrabanten.

Im Gegensatz zu Saturn ist Jupiters Magnetfeld wesentlich komplexer. Das konnte auch Cassini bestätigen. Nicht nur, dass das Feld stark asymmetrisch ist, es besitzt auch Lecks, das heißt, nicht alle Feldlinien sind geschlossen. So entstehen Schlupflöcher für hochenergetische, geladene Teilchen. Sie entweichen in den interplanetaren Raum und können zum Teil selbst noch in Erdnähe nachgewiesen werden. Mehr über das Feld des Riesenplaneten und seine Wirkungen in den interplanetaren Raum wird die Pluto-Mission im Jahr 2007 liefern, die hier Schwung holen wird.

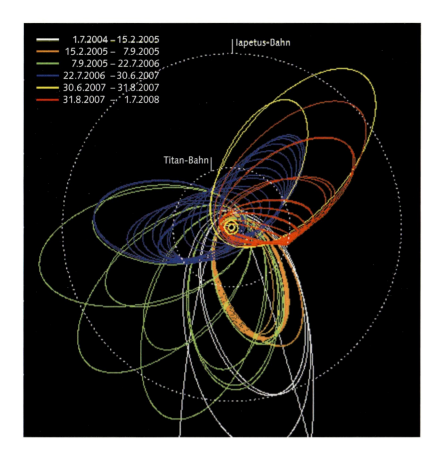

Legende:
- 1.7.2004 – 15.2.2005
- 15.2.2005 – 7.9.2005
- 7.9.2005 – 22.7.2006
- 22.7.2006 – 30.6.2007
- 30.6.2007 – 31.8.2007
- 31.8.2007 – 1.7.2008

Iapetus-Bahn

Titan-Bahn

◤ 39 Cassini im Saturnsystem. Mehrfach wird die Bahn der Sonde bis zum Ende der Primärmission am 1.7.2008 dramatisch verändert, auch mit Hilfe von Titan. Ein Bahnmanöver von 180°, beginnend im Juli 2006 bis Juli 2007, wird neue Blickwinkel für die Untersuchung von Saturn und seinen Monden bieten. Später wird man noch die Neigung der Bahn verändern, so dass auch die Polregionen von Saturn genauer inspiziert werden können.

Von Jupiter zu Saturn – die letzte Etappe

Im März 2001 ist die Jupiter-Kampagne abgeschlossen. Huygens hat den siebten von insgesamt 17 Fitness-Checks erfolgreich bestanden. Mehr als drei Jahre Flug zum Saturn stehen noch bevor. Was macht das Team dies- und jenseits des Atlantiks in dieser Zeit? Das Stichwort heißt Logistik. Wie kann man die Sonde im Zeitraum 2004–2008 optimal nutzen? Es sei daran erinnert, dass Cassini, wenn er zum künstlichen Mond von Saturn geworden ist, nicht etwa für alle Ewigkeit auf einer fixierten Bahn den Ringplaneten umkreisen soll. Von Zeit zu Zeit soll der Orbit verändert werden, um z. B. einzelne Trabanten von Saturn aus der Nähe zu betrachten. Das wichtigste Objekt war natürlich Titan, den man so oft wie möglich besichtigen wollte.

Außerdem ist dieser Mond das einzige „Schwergewicht" unter den Satelliten, dessen Masse für Swingby-Manöver im System der Monde genutzt werden kann. So musste man nicht den Treibstoffvorrat der Sonde exzessiv anzapfen.

Die Planung sah vor, dass Cassini bis zum Ende der Primärmission am 30. Juni 2008 rund 75 Umläufe um den Ringplaneten vollführen sollte. Rund 70 Nahbegegnungen mit den wichtigen Monden, darunter allein 45 mit

40 Das über Erfolg oder Misserfolg entscheidende Manöver war der Einschuss in die Saturn-Umlaufbahn am 1.7.2004.

Titan, wurden konzipiert. Im Rahmen der Missionsstrukturierung gliederte man die 75 Saturnorbits in 41 Sequenzen auf. In jeder von ihnen wird über die Software präzise chronologisch fixiert, welches Arbeitsprogramm die Sonde abwickeln soll. Das beginnt mit dem Ziel der Beobachtung, geht über die Sondenausrichtung bis hin zum Einsatzplan für die Instrumente. Einige Tage vor Beginn eines neuen Abschnitts erhält Cassini via Uplink von der Erde aus die entsprechende Kommando-Sequenz. Das Programm für die nächsten Wochen, das im Prinzip automatisch abgearbeitet werden kann, steht dann fest. Allerdings ist das kein starres Korsett. Änderungen sind auch in der laufenden Sequenz möglich. Und wie die Erfahrungen im Saturnorbit gezeigt haben, kann man auch in der Missionsführung höchst flexibel reagieren.

Das Ziel ist erreicht

Am 6. Februar 2004 begann die offizielle Beobachtungskampagne. Saturn war zu diesem Zeitpunkt noch 70 Millionen Kilometer entfernt. Bereits die ersten Bilder des Planeten, die z. B. im nahen Infrarot, im Methanband bei 727 Nanometer Wellenlänge einen dunklen Fleck exakt am Südpol zeigten,

3:11 MESZ – Cassini dreht sich von der Erde weg

4:11 MESZ – Durchflug der Ringebene nach Norden

4:36 – 6:11 MESZ – Bremsmanöver

N

6:34 – 7:44 MESZ – Cassini verschwindet hinter Saturn und den Ringen

7:58 MESZ – Durchflug der Ringebene nach Süden

9:00 MESZ – Cassini richtet sich auf die Erde aus

wiesen auf weitere bevorstehende Überraschungen hin. Erstaunliche Prozesse in den Ringen wurden sichtbar. Plötzlich tauchte auf einer Seite des E-Rings eine gigantische Wolke aus atomarem, nicht ionisiertem Sauerstoff auf, deren Masse auf rund 500 000 Tonnen geschätzt wurde. Um den 13. Mai war sie wieder verschwunden. War ihre Quelle eine Wasserdampferuption auf dem Mond Enceladus? Oder konnte, so eine andere Spekulation, die Kollision eines kleinen Asteroiden mit dem Ring für das Ereignis verantwortlich sein?

Ein mit Spannung erwartetes Beobachtungsobjekt war der Mond Phoebe, von dem schon lange vermutet wurde, dass er nicht originär zur Saturnfamilie gehörte, sondern ein „Eingefangener" mit interessanten Eigenschaften sein musste. Um eine möglichst große Annäherung zu erreichen, war am 27. Mai 2004 eine kleine Bahnkorrektur notwendig. Eine pikante Situation, denn das Haupttriebwerk war 5,5 Jahre nicht mehr gezündet worden. Außerdem gab es ein technisches Problem. Das Regulatorsystem für das Heliumgas, das die Tanks für das Triebwerk unter Druck setzt, wies ein Leck auf. Man bediente sich zur Behebung des Problems eines technischen Tricks. Er funktionierte und das Triebwerk brannte genau für die berechneten fünf Minuten und 58 Sekunden.

41 Die riskante doppelte Passage von Cassini durch eine Lücke zwischen dem F- und dem G-Ring während des 96 Minuten dauernden Bremsmanövers.

42 Saturn und seine Ringe – von Cassini einmal anders gesehen. Mit Radiosignalen auf drei verschiedenen Frequenzen wurden die Ringe „durchleuchtet", um so etwas über ihre Teilchengröße erfahren. Violett bedeutet ein Defizit von Teilchen unter 5 cm Durchmesser. Grün und blau signalisieren Teilchen unter 5 cm bzw. 1 cm Größe. Auffällig ist das breite weiße Band im B-Ring, das eine sehr hohe Teilchenkonzentration anzeigt. „Teilchen" können hier durchaus Brocken von Metergröße und mehr sein.

Ein anderer wichtiger Aspekt dieses Manövers: Das Team im JPL testete auch, ob die Bahnkorrektur über die beiden Mini-Antennen mit ungerichteter Abstrahlung zu verfolgen war. Das gelang und damit war eine wichtige Basis für die Abwicklung des entscheidenden Manövers, das Einschwenken in den Saturnorbit, geschaffen worden.

Am 11. Juni 2004 zog Cassini-Huygens in 2068 Kilometer Distanz an Phoebe vorbei. Die Bilder und Daten waren, und das ist nicht zu hoch gegriffen, sensationell. Seit April 2003 empfing die Sonde bereits die Radioemissionen des Planeten, in denen sich die Rotationsperiode des Inneren von Saturn widerspiegelt. Völlig überraschend ergab sich ein Wert von 10 Stunden 45 Minuten und 45 Sekunden, der um sechs Minuten bzw. ein Prozent länger war als der Wert, den die Voyager-Sonden 1980/81 registriert hatten. Es ist absolut undenkbar, dass sich die Rotationsperiode des Ringplaneten innerhalb von 24 Jahren so dramatisch verlangsamt hat. Die Ursache dürfte vermutlich in einer Verschiebung des Magnetfelds gegen den Saturnkern zu suchen sein. Wie schon erwähnt, beobachten wir ja im Gegensatz zu anderen planetaren Magnetfeldern, dass bei Saturn die Feldachse fast exakt mit der Rotationsachse zusammenfällt.

Am 25. Juni 2004 durchquerte Cassini-Huygens in drei Millionen Kilometern oder 49 Planetenradien Abstand den Bugschock der Magnetosphäre, etwa 50 Prozent weiter von Saturn entfernt als zunächst erwartet. Mit Hilfe des Experiments MIMI (siehe S. 59) konnte so bereits ein grobes Bild dieser Region entworfen werden. Die Magnetosphäre zeigte sich als riesige Teilchenwolke, die sich bis in 1,5 Millionen Kilometer Distanz noch weit hinter die Umlaufbahn von Titan ausdehnt.

Woraus besteht nun dieses Plasma? Im Wesentlichen aus Wasserstoff- und Sauerstoff-Ionen, also aus der Ionisierung von Wassermolekülen stammend. Die Quelle dürfte in den Oberflächen der Eismonde und der Ringe zu suchen sein. Erste Sondierungen der Saturn-Atmosphäre lieferten ein neues vertikales Windprofil: In nur 300 Kilometer Tiefe nimmt die Windgeschwindigkeit bereits um 140 m/s ab, eine drastische Reduzierung gegenüber den in höheren Schichten gemessenen Werten.

Die Stunde der Wahrheit rückte näher. Bis zum 20. Mai stand die genaue Flugroute durch die Saturnringe während des großen Bremsmanövers,

Wing-Huen Ip

Bedeutenden Anteil am Zustandekommen der Mission hatte neben Daniel Gautier und Tobias Owen Wing-Huen Ip. Der 1947 in China geborene Wissenschaftler studierte in Hongkong und an der Universität von Kalifornien, wo er 1974 in Physik promovierte und bis 1977 als PostDoc arbeitete. 1979 begann er am Max-Planck-Institut für Aeronomie – seit dem 1.7.2004 heißt es MPI für Sonnensystemforschung – in Katlenburg-Lindau seine außerordentlich fruchtbare Tätigkeit. Seit 1998 gehörte er auch der astronomischen Fakultät der „National Central Unversity" in Chung-Li (Taiwan) an, die ab 2003 sein Tätigkeitsschwerpunkt wurde. Wing-Huen Ips Interessenspektrum ist breit gefächert, bis hin zu rein astrophysikalischen Themen. An zahlreichen Planetenmissionen war und ist er beteiligt, sei es an Cassini, Mars Express, Rosetta oder das geplante Merkurunternehmen BepiColombo.

der „Saturn Orbit Insertion" (SOI), noch nicht genau fest. Erst anhand aktueller Cassini-Bilder traf man die endgültige Entscheidung. Am 16. Juni gab es dann die letzte Kurskorrektur. 28 Sekunden brannte das Triebwerk und reduzierte die Geschwindigkeit der Sonde um 3,6 m/s. Damit wurde erreicht, dass die Bahn genau durch eine besonders materiearme Region zwischen den F- und G-Ringen führte, die zweimal zu durchqueren war. Sechs Tage später übernahm die so genannte „Critical Command Sequence" das Ruder. Diese Folge von Steuerbefehlen hätte sich auch durch irgendwelche Störungen nicht beeinflussen lassen. Vor allem garantierte sie das pünktliche Einschalten des Haupttriebwerks, denn dafür gab es nur eine einzige Chance.

Saturn stand zu diesem Zeitpunkt fast hinter der Sonne. Die Signallaufzeit zur Erde betrug 84 Minuten, ein kurzfristiger Eingriff war also ausgeschlossen. Die Möglichkeiten, das SOI über Funk zu verfolgen, waren sehr begrenzt. Bei einer Ausrichtung der Parabolantenne in Richtung Erde lag das Triebwerk für die Zündung in einem ungünstigen Winkel. Dies hätte zu einem viel höheren Treibstoffverbrauch geführt. Die Alternative: optimale Ausrichtung des Triebwerks und Beobachtung der Bremsung über eine der beiden kleinen Antennen, die übrigens auch nicht gerade günstig positioniert waren. Abgestrahlt wurde ein reines Trägersignal, also ohne Dateninhalt. Die durch das Manöver bedingte Geschwindigkeitsänderung konnte dann über den Dopplereffekt verfolgt werden.

Bremsmanöver am Saturn

Am 30. Juni 2004, 18:11 Uhr Ortszeit Pasadena bzw. 1. Juli, 3:11 Uhr Mitteleuropäischer Sommerzeit (MESZ) beginnt die über Erfolg oder Misserfolg entscheidende Abbremsung der Sonde (Zeitangaben nachfolgend in MESZ).

03:11 Cassini fliegt mit 22 km/s direkt auf die Ringe zu, wobei die große Hauptantenne in Flugrichtung weist. Sie dient nun als Schutzschirm vor Eis- und Staubpartikeln aus dem Ringsystem.

04:11 Die Sonde durchquert von unten nach oben eine 30 000-Kilometer-Region zwischen dem F- und dem G-Ring. Spätere Analysen zeigen, dass man den berechneten Zielpunkt um knapp 12 Kilometer verfehlt hat, doch das hatte keine weiteren Konsequenzen für den Fortgang des Manövers.

04:36 Nachdem Cassini in der richtigen Lage für die Zündung des Triebwerks positioniert ist, beginnt das auf 97 Minuten angesetzte Brennen des Aggregats. Dadurch soll die Geschwindigkeit der Sonde um 626 m/s (2254 km/h) verringert werden.

05:06 Von der Erde aus gesehen verschwindet die Sonde jetzt hinter dem A-Ring. Zum Erstaunen und zur Freude der Bodenkontrolle ist das Signal immer noch zu empfangen. Die Absorption durch das Ringmaterial ist schwächer als erwartet. Das folgende Auf und Ab in der Signalfeldstärke korrespondiert deutlich mit den Ringteilungen.

05:24 Die Hälfte der berechneten Brennzeit des Triebwerks ist um, und wie es bis dahin aussieht, gibt es keine Probleme.

43 Noch einmal die entscheidende Phase: Cassinis Haupttriebwerk brennt. Es zeigt mit seinem Flammenstrahl in die Flugrichtung.

06:03 So nahe wie in diesem Augenblick wird Cassini nie wieder Saturn begegnen. In nur 19 980 Kilometer Abstand zieht die Sonde an seiner Wolkendecke vorbei.

06:12 Das Triebwerk hat nach einer Brennzeit von 96 Minuten abgeschaltet. Eine Minute zu früh? Die Erklärung war schnell gefunden. Um rund ein Prozent lag die Leistungsfähigkeit des Triebwerks höher als berechnet. Daher stoppte der Beschleunigungsmesser das Aggregat eine Minute früher. Sofort beginnt Cassini sich neu zu orientieren. Die Hauptantenne zeigt nun zur Erde. Über sie gelangt ein erster Statusbericht zum Kontrollzentrum.

06:31 Das wissenschaftliche Programm läuft an. Die Sonde wird so gedreht, dass die Saturnringe ins Blickfeld kommen. Eine einmalige Chance, sie aus nur 15 000 Kilometer Abstand zu inspizieren. Später wird Cassini sich ihnen nur noch auf maximal 150 000 Kilometer nähern können.

07:00 In Pasadena zieht die NASA auf einer Pressekonferenz eine erste Bilanz des Manövers: Cassini-Huygens hat eine Bahn erreicht, in der sie Saturn in 116,3 Tagen +/– 18 Stunden umkreist. Geplant war eine Umlaufzeit von 117,4 Tagen. Für den Fall des Falles hatte man für den 3. Juli eine Bahn-

Boris Smeds

Dass Cassini-Huygens zu der grandiosen Erfolgsstory werden konnte, die alle Beteiligten erhofft hatten, ist auch Boris Smeds zu verdanken. Am 16. Oktober 1944 in Uppsala geboren, studierte er an der Universität von Lund und graduierte dort 1972 als Ingenieur.

Den größten Teil seines Berufslebens verbrachte er bis heute bei der ESOC in Darmstadt, wo er einen wichtigen Bereich leitet. Er war auf das Kommunikationsproblem zwischen Huygens und Cassini gestoßen und setzte gegen Widerstand ausführliche Tests durch, in die auch das JPL in Pasadena eingebunden wurde. Boris Smeds hatte bereits 1998 mit den Amerikanern bei der Rettung einer anderen Gemeinschaftsmission, dem Sonnenobservatorium SOHO, zusammengearbeitet, kannte also die technischen Möglichkeiten. Schließlich sah man, dass nur ein Team aus ESA- und NASA-Experten das Problem lösen konnte. Ohne den entscheidenden Anstoß von Smeds jedoch wäre dieser die Mission gefährdende Fehler unentdeckt geblieben. Hier hat Hartnäckigkeit die Missionsplaner vor einer Blamage bewahrt.

korrektur eingeplant. Sie konnte nun entfallen. Technisch ist die Sonde nach annähernd sieben Jahren im Weltraum in einem fast perfekten Zustand.

07:32 Nach einer Stunde Wissenschaftsprogramm dreht die Sonde erneut die Hauptantenne in Flugrichtung, denn es folgt gegen 07:52 Uhr die zweite Passage durch die Saturnringe, jetzt von oben nach unten.

08:42 Alles überstanden. Die Antenne zeigt wieder zur Erde. Nun beginnen viele Stunden der Übertragung wissenschaftlicher und technischer Daten. Alle Systeme funktionieren einwandfrei.

Hat Cassini die doppelte Durchquerung der Ringe gespürt? Rund 200 000 Eis- und Staubteilchen – das zeigen die Daten – haben primär die Antennenschüssel getroffen, zum Teil mit bis zu 680 Einschlägen pro Sekunde. Die Aufprallgeschwindigkeit lag bei etwa 13 km/s, was jeweils eine winzige Explosion zur Folge hatte, die mit dem RPWS-Experiment (siehe S. 59) registriert werden konnte. Die überwiegende Zahl der Teilchen war mikroskopisch kein, mit Durchmessern zwischen einem und bis 10 Mikrometern; aber auch einige „gröbere", maximal 0,1 Millimeter groß, waren dabei, die durchaus für einige Kratzer in der Antennenschüssel gesorgt haben dürften.

Noch im Laufe des 1. Juli 2004 gab es die erste sensationelle Bilderflut; die uns die Ringe aus nächster Nähe zeigten. 43 der Aufnahmen wurden vor der zweiten Ringpassage gewonnen. Sie zeigten die Ringe im Gegenlicht, 18 Bilder wurden kurz danach auf der „Sonnenseite" gemacht. Selbst an Voyager geschulte Experten mussten vor Erstaunen erst einmal tief durchatmen. Mehrere wellenartige Phänomene waren da gleichzeitig zu sehen: Dichtewellen, die die Struktur der Ringe so prägen, dass sie an den Anblick der Rillen einer Langspielplatte aus der Zeit vor CD und DVD erinnern. Eine wellenförmige Verbiegung in die dritte Dimension, erkennbar durch den Schattenwurf, wurde sichtbar, bis hin zu kammartigen Strukturen am Innenrand der Encke-Teilung. Durch die hohe Geschwindigkeit der Sonde, 15 km/s, kam es leider nicht zu einer Bildüberlappung, was die Interpretation merklich erschwerte.

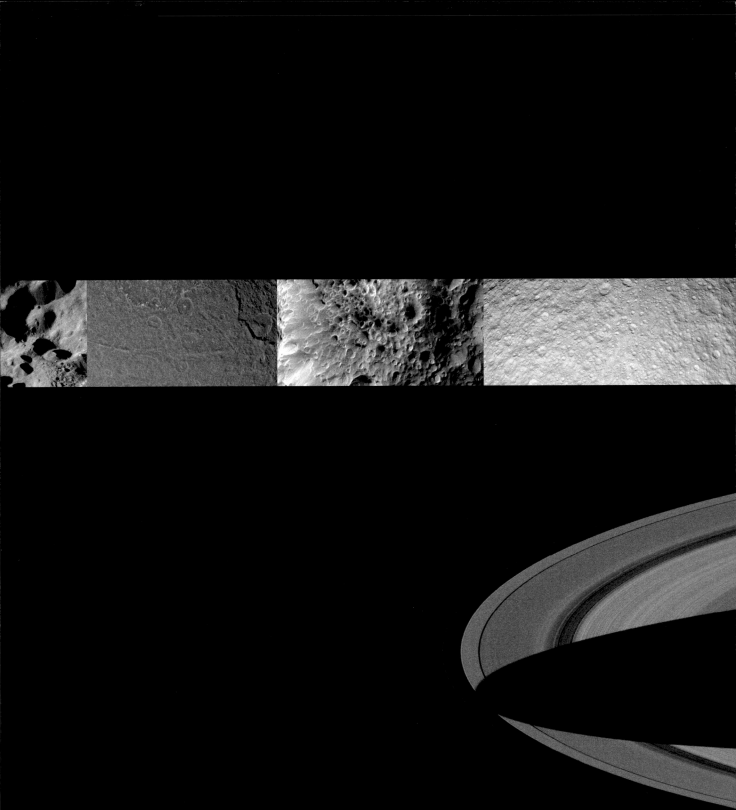

Cassini
am Saturn

▲ **44** Auf dem 4169 m hohen Mauna Kea auf Hawaii sind zahlreiche Sternwarten zuhause. Hier wurden in den letzten Jahren eine Reihe kleiner Saturnmonde entdeckt. Das Keck-Observatorium mit den derzeit größten Teleskopen der Welt lieferte wichtige Beiträge über Temperaturen und Wetter auf Saturn.

Wie viele Monde besitzt der Ringplanet? Diese Frage ist noch nicht endgültig zu beantworten. Im Januar 2006 waren es 50. Man ist aber sicher, dass sich im Ringsystem eine Reihe weiterer kleiner Objekte aufhält, mit Durchmessern unter 20 Kilometern. Sie sind zum größten Teil für die seltsamen Strukturen in den Ringen und für Stabilisierungseffekte verantwortlich. Allerdings ist hier eine Grenzziehung zwischen „echtem" Mond und lockeren Materiezusammenballungen, die man auch beobachten kann, notwendig. Vermutlich ist der Übergang sogar fließend.

Monde voller Überraschungen

Auch in den äußeren Bereichen des Saturnsystems, wo man in den Jahren 2000 und 2004 mit den großen Teleskopen auf Hawaii und in Chile rund zwei Dutzend neuer Trabanten auffand, sind noch Entdeckungen zu erwarten. Diese Monde sind keine originären Mitglieder der Saturnfamilie. Ihre Bahnbewegung ist retrograd, das heißt, sie kreisen im entgegengesetzten Sinn wie die „normalen" Satelliten um Saturn, auf Bahnen, die stark gegen den Äquator des Planeten geneigt sind. Der prominenteste und am längsten bekannte Vertreter dieser irregulären Trabanten, Phoebe, wurde von Cassini noch vor dem Einschuss in den Saturnorbit aus der Nähe untersucht. Am 11. Juni 2004 zog die Sonde in nur 2068 Kilometer Abstand an dem dunklen, etwa 214 Kilometer großen Objekt vorbei, das sich in neun Stunden und 16 Minuten einmal um seine Achse dreht.

Atemberaubende Bilder und Messdaten zeigten, dass dieser Mond nicht etwa in der Umgebung von Saturn, sondern weit draußen, vermutlich sogar jenseits der Neptun-Pluto-Region im so genannten Kuiper-Belt entstanden sein muss und erst später vom Ringplaneten eingefangen wurde. Ein „primitives" Objekt aus der frühesten Geschichte des Sonnensystems, eine Zeitkapsel aus der Vergangenheit. Zwar ist seine Oberfläche mit Kratern übersät, doch viele untypische Formationen wie Spuren von Erdrutschen, Ketten kleiner Gruben und auch Bergrücken erzählen eine andere Geschichte. Phoebe besteht, wie seine mittlere Dichte von 1,6 g/cm^3 verrät, zu etwa 50 Prozent aus Wassereis und ist mit einer 300 – 500 Meter starken Schicht aus dunklem, stark porösem Material bedeckt. An der Oberfläche machte Cassini Wasser- und Kohlendioxideis aus sowie eine ganze „Chemikalien-Handlung", darunter auch Tone und diverse organische Verbindungen. Cassini wird diesem Fossil, das in 13 Millionen Kilometer Entfernung seine Bahn um Saturn zieht, nie wieder näher als fünf Millionen Kilometer kommen.

▲ **45** Die Nahinspektion des Mondes Phoebe am 11. Juni 2004 aus rund 13 000 km Entfernung brachte sensationelle Ergebnisse, die deutlich unterstrichen, dass der Trabant kein originäres Mitglied der Saturnfamilie ist, sondern aus größeren Tiefen des Sonnensystems stammt.

▼ **46** Aus den Bildern des Vorbeiflugs entstand diese Karte der Oberfläche von Phoebe in Äquidistanz-Projektion, der ein mittlerer Radius des Mondes von 107 km zugrunde liegt.

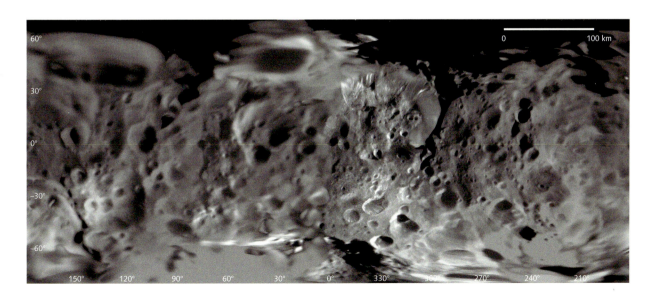

47 Neben seinen zwei „Gesichtern" weist Japetus noch eine weitere Merkwürdigkeit auf: eine „Bauchbinde" oder anders gesagt eine Art äquatorialer Wulst. Ins Auge springt auf dieser Aufnahme vom 31.12.2004 (Entfernung 172 400 km) etwas oberhalb der Bildmitte ein altes, etwa 400 km großes Einschlagbecken.

Vielleicht besteht ja eine seltsame Beziehung zwischen Phoebe und einem anderen ungewöhnlichen Mond, der Saturn in 3,56 Millionen Kilometer Distanz auf einer exzentrischen und relativ stark geneigten Bahn umrundet. Die Rede ist von Japetus, dem Trabanten mit den zwei Gesichtern, der bereits seinem Entdecker Giovanni Domenico Cassini Rätsel aufgab. Während die in der Bahn vorangehende Seite des 1430 Kilometer großen Objekts nur etwa vier Prozent des Sonnenlichts reflektiert, also dunkel wie ein Kohlenhaufen ist, erscheint die andere Hemisphäre hell, strahlt mehr als 50 Prozent des Sonnenlichts zurück. Zwei Thesen zur Herkunft des rötlich schimmernden dunklen Belags werden diskutiert: Japetus hat entweder im Laufe der Zeit staubförmiges Material aufgesammelt, oder es stammt aus seinem Inneren und ist durch einen speziellen Mechanismus so seltsam verteilt worden.

Wenn Japetus als „Staubfänger" fungiert hat, könnte Phoebe die Quelle des Materials sein, freigesetzt durch den Einschlag von Mikrometeoriten. Bereits in den frühen achtziger Jahren zeigten jedoch Vergleiche der spektralen Signaturen von Japetus und Phoebe mit großen irdischen Teleskopen deutliche Unterschiede. Die geringe Dichte des Mondes, 1,11 g/cm^3, weist darauf hin, dass Japetus im Wesentlichen aus Wassereis mit Beimengungen von Ammoniak- und Methaneis besteht. Mit durchaus plausiblen Methan-Eruptionen könnte das dunkle Material an die Oberfläche befördert worden sein. Dafür spricht, dass sich der „Belag" häufig auf Kraterböden findet. Cassini hat bei seinem Vorbeiflug am 1. Januar 2005 aus 65 000 Kilometer Entfernung überraschende Details des Mondes übermittelt. Verblüffend und nur schwer zu deuten ist die „Bauchbinde" von Japetus. Eine Wulst am Äquator, 20 Kilometer breit und bis zu 13 Kilometer hoch, die sich über 1300 Kilometer hinzieht. Auf den Bildern sind deutlich vier große Einschlagbecken zu erkennen. Die gesamte Oberfläche ist extrem stark verkratert. Das gilt auch für die dunkle Region, wo nicht ein einziges helles Fleckchen zu

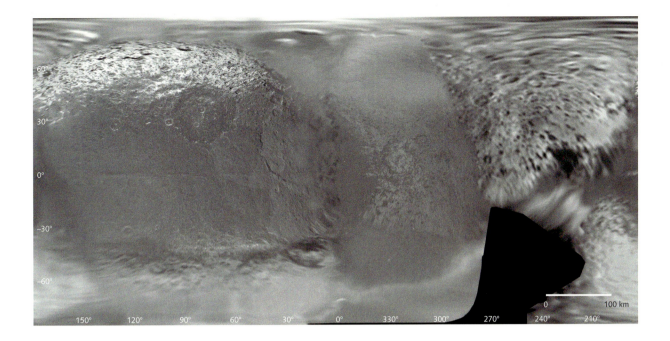

48 Kartografische Darstellung der Japetus-Oberfläche, bei der auch Voyager-Bilder verwendet wurden. Weiter sind „Nachtaufnahmen" bei Beleuchtung durch Saturn eingeflossen.

sehen ist. Erst im Übergangsbereich mischen sich helle und dunkle Areale. Hier stößt man auch auf helle Flanken an den in Richtung Pol weisenden Seiten von Kratern. Generell sieht die Oberfläche von Japetus sehr alt aus. Der „Belag" müsste demnach deutlich jüngeren Datums sein und dazu auch relativ dünn, denn in der Übergangszone fallen keine „farblichen" Abstufungen auf.

Diese Deutung klingt plausibel. Eine andere interessante Erklärung wurde aus den Beobachtungen mit dem Infrarotspektrometer CIRS abgeleitet. Danach liegen die Mittagstemperaturen in den dunklen Gebieten des Mondes um −143 °C. Das ist der wärmste Platz im gesamten Saturnsystem! Bei diesen Werten ist Wassereis über einen längeren Zeitraum nicht stabil. Die Wassermoleküle sublimieren – gehen also direkt vom festen in den gasförmigen Zustand über – und schlagen sich in kälteren Regionen nieder.

Tatsächlich ist das Dunkelgebiet – so die Messungen mit CIRS – im Gegensatz zu dem hellen Areal arm an Wassereis. Hat es sich im Laufe der Japetus-Geschichte verflüchtigt und den dunklen Untergrund hinterlassen? Einiges spricht also dafür, dass auch ein komplexer Wasserprozess für die seltsame Oberflächengestaltung verantwortlich sein könnte. Mit UVIS, dem Instrument zur Erkundung im UV-Bereich, wurde deutlich, dass Phoebe nicht so aussieht wie das dunkle Material von Japetus, sondern eher Reflektionseigenschaften aufweist, die den hellen Regionen des doppelgesichtigen Mondes entsprechen. Viele neue Erkenntnisse also, dennoch wirft Japetus noch viele spannende Fragen auf, die einer Antwort harren.

Ein anderes Mitglied aus dem Kabinett der Mondexoten ist Hyperion, der seine Bahn zwischen Titan und Japetus zieht, den Ringplaneten in 21,3 Tagen auf einer sehr exzentrischen Bahn umrundet. Seine ungewöhnliche

Form, 328 x 260 x 214 Kilometer, legt die Vermutung nahe, dass es sich um ein Bruchstück eines Mondes handelt. Doch wo ist der Rest? Wie es bisher aussieht, ist Hyperion das größte irregulär geformte Objekt im Planetensystem. Seine Oberfläche ist dunkel mit leicht rötlicher Tönung. Beobachtungen seiner merkwürdigen Helligkeitsvariationen und Bildfolgen der Voyager-Sonden ergaben, dass Hyperion völlig unberechenbar rotiert. Auch das ein „First": das erste deutlich sichtbare chaotische Verhalten eines Mitglieds des Sonnensystems. Hyperion torkelt durch den Raum. 1983 betrug z. B. seine Rotationsperiode rund 13 Tage. Wie Computersimulationen zeigen, könnte sie sogar kurzzeitig fast gegen Null gehen. Sowohl die bizarre Form des Mondes als auch eine Bahnresonanz – vier Umläufe von Hyperion entsprechen drei Umläufen von Titan – dürften zu diesem „chaotischen Benehmen" beitragen.

Cassini hat Hyperion mehrfach ins Visier genommen, zuletzt bei einer 500-Kilometer-Nahbegegnung am 26. September 2005. Sichtbar wurde ein mit Kratern übersätes Objekt, der größte hat einen Durchmesser von etwa 130 Kilometern. Anhand der Kraterzählung sieht die Oberfläche des „Chaoten" sehr alt aus. Hyperion erinnert in seiner Struktur an einen Schwamm und dürfte zahlreiche Hohlräume aufweisen. Auch er hat – das zeigen die Bilder – eine sehr individuelle Geschichte, deren Untersuchung seine Rolle im Saturnsystem aufhellen könnte.

Ein Mond, der Wasser produziert

Der „glänzendste" Mond im Saturnsystem ist zweifellos Enceladus. Dieses Attribut bezieht sich auf das hohe Reflektionsvermögen für das empfangene Sonnenlicht. Mehr als 90 Prozent strahlt dieser Eismond zurück in den Weltraum und weist deshalb die niedrigste Oberflächentemperatur, −200 °C, eines Objekts im Saturnsystem auf. Enceladus umkreist in 238 000 Kilometer Abstand den Ringplaneten und zieht damit seine Bahn mitten im extrem dünnen E-Ring. Als Cassini am 17. Februar 2005 in der Nähe des Mondes vorbeiflog, geriet die Sonde in einen Teilchensturm. Innerhalb von nur

◄ **50** Die bislang größte Überraschung der Mond-Inspektionen durch Cassini bot Enceladus. Diese Aufnahme ist ein Mosaik aus 21 Einzelbildern, gewonnen beim nahen Vorbeiflug am 14.7.2005. Zu sehen ist eine zum Teil geologisch sehr junge Oberfläche mit langen Aufbruchzonen.

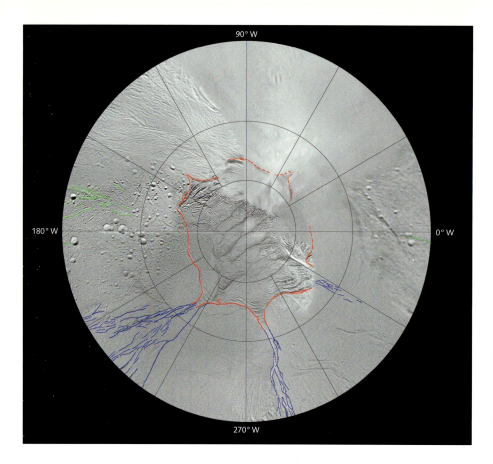

90° W

180° W

0° W

270° W

51 Diese Darstellung der südlichen Polarregion von Enceladus zeigt die Ausdehnung der Aufbrüche, die man Tiger-Streifen genannt hat. Sie sind Zentren eines intensiven „Kryo-Vulkanismus". Die nördlichen Polargebiete des Mondes wirken dagegen geologisch sehr alt.

30 Minuten registrierte der CDA, der Staubdetektor, den Aufprall von mehreren Tausend winzigen Partikeln, 0,5 – 2 Mikrometer groß und primär aus Wassereis bestehend. Magnetometer-Messungen registrierten Wasser-Ionen in der Umgebung des Mondes, ein möglicher Hinweis auf eine hauchdünne Atmosphäre. Im Februar 2005 bedeckte Enceladus den Stern Lambda im Skorpion. Dieser Vorgang wurde mit Cassini verfolgt. Weder beim Verschwinden noch beim Auftauchen des Sterns am Mondrand wurde eine Schwächung seines Lichts beobachtet. Keine Spur von einer Atmosphäre also.

Das ohnehin große Interesse an Enceladus wuchs. Auf Wunsch der Experimentatoren bei NASA und ESA entschied man sich in Pasadena mittels einer Kurskorrektur, Cassini bei der nächsten Passage, am 14. Juli 2005, bis auf 175 Kilometer Abstand an den Mond heranzuführen. Die sensationelle Ausbeute an Bildern und Daten unterstrich die Richtigkeit dieser Entscheidung. Schon am 11. Juli kam es wieder zu einer Sternbedeckung, dieses Mal mit Bellatrix im Orion. Kurz vor dem Verschwinden wurde das Licht des Sterns deutlich geschwächt. Der Austritt am Mondrand erfolgte jedoch schlagartig. Die Erklärung: Enceladus besitzt eine Atmosphäre, jedoch keine globale, sondern eine regionale! Sie besteht, so die Messungen mit UVIS, aus Wasserdampf. Bei der größten Annäherung drei Tage später konnte auch die Quelle lokalisiert werden: Es ist ein größeres Gebiet um den Südpol des Mondes. Hier ist es mit –163 °C überraschend warm. Cassinis Instrumente registrierten rund 90 Prozent Wasserdampf, geringe Anteile an Stickstoff, Kohlendioxid und einfache Kohlenwasserstoffe sowie mikroskopisch kleine, puderartige Eispartikel, die in den Raum geblasen werden. Die Mengen sind beträchtlich: Immerhin sind es 500 kg/s, also rund 43 200 Tonnen pro Tag, die Enceladus produziert. Vieles erinnert hier übrigens an das Verhalten von Kometen, die auf ihrem Kurs in Richtung Sonne fast die gleiche Mischung freisetzen.

Wie schon die Voyager-Bilder zeigten, hat Enceladus eine lebhafte Vergangenheit, erkennbar an seiner geologisch jungen Oberfläche. Dass er neben dem Jupitermond Io mit seinem „feurigen" Vulkanismus als „Wasserspeier" der aktivste Trabant im Sonnensystem ist, wissen wir erst seit Cassini. Zwischen beiden Monden existieren jedoch bemerkenswerte Unterschiede: Io ist über siebenmal so groß und ein Gesteinsobjekt. Aufgeheizt wird er durch Gezeitenwirkungen, eine Art Ebbe und Flut, durch die Anziehungskräfte von Jupiter und den anderen Galileischen Monden, die ihn kräftig „durchwalken". Sie führen zu einer systematischen Verbiegung der dem Planeten zugewandten Seite von Io, die eine Aufheizung des Inneren bewirken muss.

Enceladus hingegen ist vergleichsweise klein und besteht zu einem großen Teil aus Eis. Auch er spürt – wenn auch deutlich schwächer – Gezeitenkräfte von Saturn und einen Resonanzeffekt durch seine sehr viel größere und massereichere „Schwester" Dione. Anzeichen für diese Langzeitwirkungen sind in den geologischen Strukturen auf der Oberfläche von Enceladus sichtbar. Reicht das aber aus, um sein Inneres so aufzuheizen? Das aktuelle Geschehen manifestiert sich z. B. in den so genannten „Tiger-Streifen" in der „Antarktis"-Region des Mondes. Drei 130 Kilometer lange, fast parallele Aufbrüche in jeweils 40 Kilometer Abstand sind Wärmequellen mit Temperaturen um −183 °C. Ihr unmittelbares Umfeld ist deutlich kälter, −199 °C bis −192 °C. Noch ist nicht ganz klar, welche Faktoren genau für die Wärmeproduktion im In-

▼ **52** Im November 2005 gelangen eindrucksvolle Aufnahmen von Eis- und Staub-Fontänen, die von den Tiger-Streifen auf Enceladus ausgingen. Das im Kontrast stark überhöhte und in Falschfarben-Technik dargestellte Bild lässt z. B. – weiß eingefärbt – die mächtige Ausdehnung der kleinsten Teilchen erkennen. Eine weitere Sensation: Im März 2006 meldete das Cassini-Team, dass es eindeutige Hinweise gebe auf die Existenz von flüssigem Wasser in einzelnen polnahen Regionen nahe unter der Oberfläche, in „Taschen".

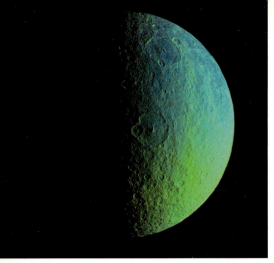

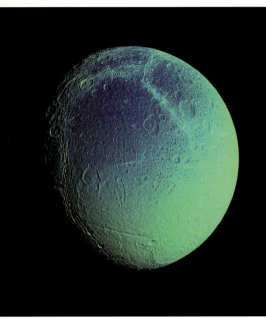

53 Rhea und Dione, jeweils aufgenommen am 1.8.2005 aus 214 000 km bzw. 267 000 km Entfernung. Die Falschfarbenbilder, die nicht auf das wahre Größenverhältnis der beiden Monde skaliert sind, zeigen feine Unterschiede in den Oberflächen-Eigenschaften. Dione dürfte in jüngerer Vergangenheit noch im bescheidenen Umfang geologisch aktiv gewesen sein.

neren von Enceladus zusammenwirken und warum ausgerechnet die Südpolregion das Zentrum der Aktivität ist. Welche Bedeutung hat dieser aktive Mond für das Ringsystem?

Die großen Eismonde

Die Nummer 1 in dieser Kategorie ist Rhea mit einem Durchmesser von 1530 Kilometern. In 527 000 Kilometer Entfernung zieht dieser Mond in vier Tagen und 12 Stunden seine Bahn um Saturn. Eine kompakte Eiskugel ist Rhea nicht, denn die mittlere Dichte von 1,33 g/cm^3 weist darauf hin, dass ein deutlicher Anteil seiner Masse mineralischer Natur sein muss. Die Oberfläche des Mondes ist mit Kratern übersät, die zum Teil zu irregulären Formen tendieren. Eines der größten Objekte ist der Krater Izanagi. Beim genaueren Hinsehen fällt eine Zweiteilung der Landschaft auf, die vermutlich zwei unterschiedliche Entstehungsepisoden repräsentiert. Eine Region zeichnet sich durch Krater mit Durchmessern von über 40 Kilometern aus. Das andere Gebiet, es umfasst teilweise Areale an den Polen und am Äquator, ist nur von kleinen Kratern geprägt. Aus der Kruste aufgestiegenes Wasser oder partiell aufgeschmolzenes Eis dürfte in der Frühgeschichte von Rhea Teile der Landschaft „umgebaut" haben.

Die der Bewegungsrichtung abgewandte Seite von Rhea erscheint dunkler mit hellen, streifenartigen Strukturen. Ähnliches wird uns auch bei Dione begegnen. Die ersten Bilder von Cassini, aufgenommen bei „Fernbegegnungen" – aus rund 250 000 Kilometer Distanz– im April, Juli und August 2005 zeigen die „uralte" Rhea mit dem einen oder anderen jungen Krater. Der nahe Vorbeiflug am 26. November 2005 (500 Kilometer Abstand) hat faszinierende Aufnahmen dieses Mondes mit aufregenden Details geliefert und damit auch ein ganzes Bündel neuer Fragen. Am 30. August 2007 besichtigt Cassini Rhea noch einmal aus etwas größerer Distanz (5087 Kilometer).

Eis mit Hitze

Er ist zwar nicht der zweitgrößte Eissatellit, aber zweifellos einer der interessantesten. Tethys, 1071 Kilometer groß, umkreist in 45 Stunden und 19 Minuten den Mutterplaneten. Seine geringe Dichte von nur 1,1 g/cm³ verrät, dass der Satellit zum allergrößten Teil aus Wassereis besteht. Bereits seit Voyager 2 kennen wir zwei spektakuläre Formationen auf dem Trabanten. Da ist einmal der 400 Kilometer große, aber flache Krater Odysseus. Es ist erstaunlich, dass der Einschlag, der ihn formte, nicht den Mond als Ganzes zerstört hat. Offenbar einmalig im Sonnensystem ist Ithaca Chasma, ein riesiger Graben, über 2000 Kilometer lang, der sich vom Nordpol über den Äquator bis in die Südpolarregion zieht. Auf den Voyager-Bildern konnte diese Bruchzone über drei Viertel des Tethys-Umfangs verfolgt werden. Sie ist etwa 65 Kilometer breit, vier bis fünf Kilometer tief und weist einen Rand auf, der rund 500 Meter über die Umgebung ragt.

54 Dieses Mosaik des Eismondes Tethys entstand aus neun Aufnahmen während des nahen Vorbeiflugs am 24.9.2005. Es wird geprägt durch den über 2000 km langen Graben Ithaca Chasma, der etwa 65 km breit ist.

Ursprünglich hatten die Missionsplaner in Pasadena keine Nahbegegnung mit Tethys vorgesehen. Am 24. September 2005 sollte zwar Cassini in einem Abstand von 33 000 Kilometern an dem Mond vorbeiziehen, doch ein spezielles wissenschaftliches Programm war nicht vorgesehen. Brent Buffington, ein Mitglied des Navigationsteams, stieß auf eine Möglichkeit, mit relativ geringem Treibstoffaufwand die Sonde am 24.9. bis auf 1500 Kilometer an den Mond heranzuführen. Sein Köder für die Kurskorrektur: Die Geometrie der Begegnung zwischen Cassini und Tethys war für eine detaillierte Betrachtung von Ithaca Chasma optimal. Zunächst schien die Begeisterung bei den Verantwortlichen nicht allzu groß, denn die Sonde sollte zu diesem Zeitpunkt im passiven Modus mit dem Experiment RADAR (siehe S.

62) eine ausführliche Tiefensondierung der Saturnatmosphäre vornehmen. Heraus kam ein Kompromiss: Normalerweise beginnen bei einer umfassenden Erkundung die Beobachtungen 12 Stunden vor der engsten Begegnung und enden 12 Stunden danach. Für Tethys stand Cassini erst knapp drei Stunden vor der größten Annäherung zur Verfügung. Doch das reichte. Es gelangen eindrucksvolle Nahaufnahmen, auf denen man sehen konnte, dass der große Grabenbruch zahlreiche kleine Einschlagkrater aufweist, also sehr alt sein muss.

Einige Krater auf Tethys scheinen noch „frisch" und besitzen helle Böden. Ist hier sauberes Eis ans Tageslicht gekommen, oder ist es im Vergleich zur Umgebung nur anders strukturiert?

Harmloser auf den ersten Blick sieht der dritte große Eismond Dione, 1126 Kilometer im Durchmesser, aus. Er wurde am 11. Oktober 2005 aus nur 500 Kilometer Distanz untersucht. Seine Oberfläche wirkt auf den ersten Blick alt, aber nicht gleichförmig. Mit den „Augen" von Cassini offenbart sich jedoch eine erstaunlich wechselhafte Geschichte. Bemerkenswert ist die Tatsache, dass die in Richtung Bahnbewegung weisende Seite heller als die abgewandte Hemisphäre ist. Dieses Phänomen haben wir bereits bei Tethys kennen gelernt.

Das auffälligste Gebilde auf der Mondoberfläche, 240 Kilometer im Durchmesser, hat man auf den Namen Amata getauft. Verbunden ist Amata mit einem Netz von hellen „Strähnen", Rissen und Brüchen, die sich über die in „Fahrtrichtung" abgewandte Seite hinziehen, assoziiert mit schmalen, geraden Mulden und Graten. Bestehen die hellen Strähnen aus frischem Eis, das sich in seiner Farbe von der Umgebung unterscheidet? Eine mögliche Ursache für die Aufhellung könnte die unterschiedliche Körnung des Eises sein. Vielleicht wird aber auch bei Hangrutschen verschmutztes Eis abgetragen und damit frisches Material sichtbar. Da zweifelsfrei erkennbar neben alten auch relativ jungen Formationen existieren, dürfte Dione, wenn auch in bescheidenem Maße, noch geologisch aktiv sein.

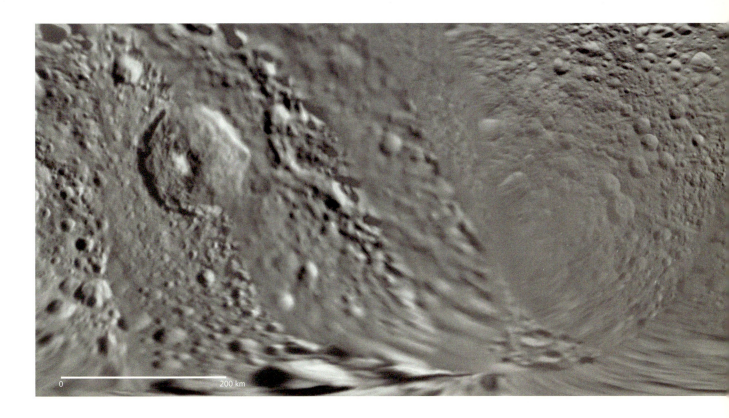

Der kleine Bruder mit dem großen Krater

Mimas ist nicht nur der kleinste der Eismonde, sondern weicht auch im Vergleich zu den anderen merklich von der Kugelgestalt ab, wie aus den Maßen 421 x 395 x 385 Kilometer hervorgeht. Er besteht in der Hauptsache aus Wassereis, wie wir an seiner mittleren Dichte von 1,17 g/cm^3 sehen können. Auf der sehr alten, mit zahlreichen Kratern übersäten Oberfläche fällt ein gigantischer Einschlagkrater von 140 Kilometer Größe auf, was etwa einem Drittel des Mimas-Durchmessers entspricht. Seine Wälle erheben sich etwa fünf Kilometer über die Umgebung, während der tiefste Teil von Herschel, so sein Name, 10 Kilometer unter dem Umlandniveau liegt. Im Krater befindet sich an der Basis ein großes Zentralmassiv von 20 x 30 Kilometern, das rund sechs Kilometer hoch ist. Offensichtlich ist der Mond beim Einschlag des Objekts, das Herschel gebildet hat, gerade so der totalen Zerstörung entronnen.

Am 2. August 2005 ist Cassini in 63 000 Kilometer Abstand an Mimas vorbeigezogen. Falschfarben-Aufnahmen zeigen unterschiedliches Oberflächenmaterial, auch in der Umgebung von Herschel, wo es allerdings nicht gleichförmig verteilt ist. Ist es beim Einschlag aus größerer Tiefe herausgeschleudert worden, oder stammt es sogar von jenem Objekt, das diese tiefe Narbe schlug? Die bläuliche Färbung kann aber auch auf physikalische Faktoren wie die Korngröße des Bodeneises zurückzuführen sein. Auf den Cas-

▲ 55 Aus Cassini- und Voyager-Aufnahmen entstand diese Karte von Mimas, dem kleinsten der Eismonde. Der Ausschnitt konzentriert sich auf den riesigen Krater Herschel (siehe auch Abbildung 22), dessen Dimensionen etwa einem Drittel des Mimas-Durchmessers entsprechen.

sini-Bildern ist in hoher Auflösung die Herschel gegenüberliegende Seite von Mimas mit ihrer Bruchstruktur zu sehen. Eine genauere Analyse wird zeigen, ob diese Canyons eine Folge des Herschel-Einschlags sind.

Titan – eine erste Inspektion

Vor der Ankunft von Cassini-Huygens am Saturn waren mangels direkten Durchblicks auf die Oberfläche mehrere Hypothesen über ihre Beschaffenheit im Umlauf. Sie sollte – so ein viel diskutierter Ansatz – mit großen Ozeanen aus flüssigem Methan und Ethan bedeckt sein. Das andere Extrem: eine Oberfläche aus Eis von verschiedenen Verbindungen bestehend und das alles verborgen unter einer fast undurchsichtigen Atmosphäre. Seit der Lan-

Saturn in Farbe?

Viele Abbildungen zeigen Saturn, Titan und andere Monde in Farbe. Bei genauerem Hinsehen fällt auf, dass die „Farbigkeit" durchaus unterschiedlich sein kann. Was steckt dahinter? Greifen wir als Beispiel das Imaging Science Subsystem (ISS) des Cassini-Orbiters heraus, das über zwei Kameras mit unterschiedlicher Auflösung verfügt. Grundsätzlich liefern sie Schwarzweißbilder mit 4096 Graustufen. Mit einem Satz von Filtern vor den Kameras können Bilder in verschiedenen Farben bzw. Spektralbereichen gewonnen werden. Sie zeigen unterschiedliche Graustufungen. Kombiniert man diese Aufnahmen, so entsteht ein farbiges Bild. Saturn sähe dann auf einer korrekt ausbalancierten Aufnahme blassrosa aus. Um jedoch Details zu erkennen, erhöht man die Konstraste und die Farbsättigung. Nun treten die atmosphärischen Strukturen oder die Details der Ringe deutlich hervor. Andere Bilder konzentrieren sich auf einen engen Ausschnitt aus dem Spektrum. Sie zeigen uns z. B. die Objekte im Infrarot oder Ultraviolett, um bestimmte Eigenheiten (chemische Zusammensetzung, Temperaturen usw.) hervorzuheben. Häufig eingesetzt wird auch die so genannte Falschfarbentechnik. Hier werden unterschiedliche Helligkeitsstufen in Form unterschiedlicher Farben wiedergegeben. Sie entsprechen nicht dem natürlichen Farbeindruck des Auges. Bestimmten Elementen, Strukturen oder Zuständen werden Farben zugeordnet, z. B. spezifischen Mineralien auf der Oberfläche eines Mondes oder Teilchengrößen in den Saturnringen. Damit wird es möglich, ihre Verteilung oder Abstufung zu erkennen. Zusammengefasst: Die Mehrzahl der Bilder entspricht nicht dem Anblick, den ein Betrachter „vor Ort" haben würde. Daher findet sich bei den „realistischen" Aufnahmen stets ein entsprechender Hinweis.

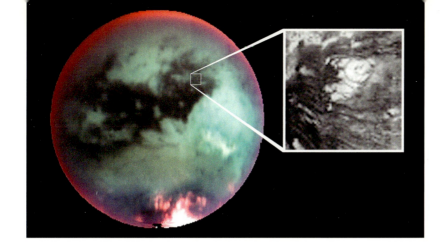

dung von Huygens auf Titan und den Ergebnissen einer Reihe von nahen Vorbeiflügen in rund 1000 bis 2500 Kilometer Entfernung wissen wir, dass keines der beiden Modelle zutrifft. Flüssiges Methan und Ethan sind zwar existent, nicht aber in Form ausgedehnter Ozeane, die sich durch spezifische Eigenheiten im Radar bemerkbar machen müssten. Man findet diese Kohlenwasserstoffe in flüssiger Form im oberflächennahen Bereich – zumindest an der Landestelle von Huygens. Kleinere „nasse" Areale sind jedoch nach Beobachtungen mit dem Experiment RADAR nicht völlig auszuschließen. Generell ist der bisher mit dieser Technik untersuchte Teil Titans, nur ein geringer Bruchteil der Oberfläche, relativ flach. Die gemessenen Höhen liegen in der Größenordnung von weniger als 250 Metern.

Bis auf zwei große Formationen waren bislang mit RADAR keine ausgeprägten Kraterlandschaften zu erkennen. Häufiger hingegen sind Strukturen, die durch eine Art Vulkanismus entstanden sein könnten. Auffällig ist auch ein Gebilde, das intern „Katzenkratzer" genannt wird.

Der direkte Blick auf die Oberfläche mit optischen Hilfsmitteln ist wegen der trüben Atmosphäre schwierig. Mit Hilfe eines engen Bandpassfilters für die Wellenlänge 938 Nanometer ist es mit VIMS (siehe S. 60) möglich, wenigstens etwas von der Landschaft zu sehen. Die kleinsten erkennbaren Details liegen in der Größenordnung von etwa zwei Kilometern. Allerdings beobachtet man nur Unterschiede in der Helligkeit, keine topographischen Details. Bei Vergleichen von mehrfach untersuchten Regionen zeigen sich keine Veränderungen an der Oberfläche. Rund ein halbes Dutzend kreisförmiger Strukturen konnten lokalisiert werden, wobei es sich sehr wahrscheinlich um Einschlagkrater handelt. Zwei von ihnen sind mit den von RADAR gesichteten Strukturen identisch. Eine Formation fiel bei mehreren Vorbeiflügen besonders auf: Südöstlich von Xanadu, einem hellen Areal von der Größe Australiens, schon seit Beobachtungen vom Hubble-Weltraumteleskop bekannt, wurde eine etwa 500 Kilometer große halbkreisförmige Region beobachtet, die sich in ihrer Helligkeit deutlich vom

56 Titan – ein Blick auf die Oberfläche. Beim nahen Vorbeiflug am 26.10. 2004 wurde mit dem Experiment VIMS eine Serie von Aufnahmen im Infrarot (2,3 Mikrometer) gewonnen. Die Falschfarben-Kodierung zeigt in Rot die Atmosphäre sowie in Grün und Blau Oberflächendetails. Im Ausschnitt ist in hoher Auflösung eine Region wiedergegeben, in der vermutlich aktiver Eis-Vulkanismus zu beobachten ist.

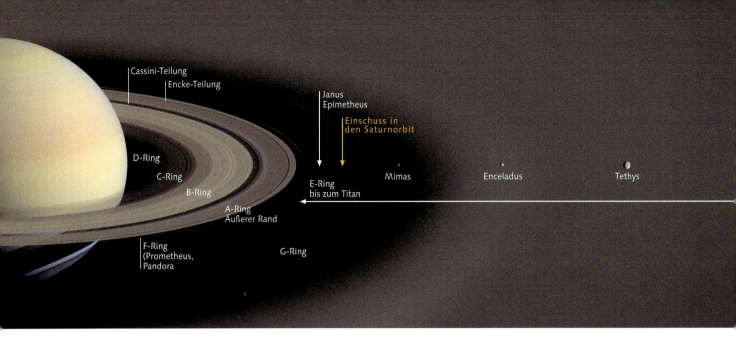

Cassini-Teilung
Encke-Teilung
Janus
Epimetheus
Einschuss in
den Saturnorbit
D-Ring
C-Ring
B-Ring
E-Ring
bis zum Titan
Mimas
Enceladus
Tethys
A-Ring
Äußerer Rand
F-Ring
(Prometheus,
Pandora
G-Ring

Umland abhebt. Im Infrarot ist sie (inoffiziell „The Smile" genannt) das hells-
te Gebiet, das Cassinis Sensoren bisher wahrnehmen konnten.

Handelt es sich hierbei um einen „hot spot", um eine gegenüber der
Umgebung merklich wärmere Region, verursacht durch „Kryo"-Vulkanis-
mus, durch das Austreten eines „warmen" Gemischs von Wassereis und Ammoniak? Alternativ könnte man sich auch topographische Eigenheiten vor-
stellen, die wärmere Wolken permanent über dem Gebiet fixieren oder ein
völlig exotisches Material an der Oberfläche.

Die Entscheidung zwischen „hot spot" und anderen Deutungen wird
bei den kommenden Vorbeiflügen von Cassini an Titan fallen, wenn diese
Region auf der Nachtseite des Trabanten liegt. „Glüht" dann dieses Gebiet
im Infrarot, wissen wir, dass es trotz extremer Minustemperaturen eindeutig wärmer als das Umfeld ist. Erstmals eröffnet sich am 2. Juli 2006 diese
Möglichkeit einer endgültigen Klärung.

Besonderes Interesse gilt auch der Südpolregion. Schon mit den mo-
dernen Großteleskopen beobachtete man dort lebhaft aufsteigende Wolken, aus denen es Methan regnen könnte. Obwohl sie durch die Zirkulation nach Norden geführt werden, gibt es permanent Nachschub. In Titans
„Antarktis" sieht man auf den Aufnahmen Gebilde, die an Täler, aber auch
an „Flussbetten" denken lassen. Ein dunkles Gebiet mit glatten Rändern,
etwa 70 x 230 Kilometer groß, ist derzeit bei einigen Wissenschaftlern Fa-
vorit für einen Methan/Ethan-See. Etwas vorsichtigere Experten denken hier
eher an ein ausgetrocknetes Seebett, bedeckt mit „schmutzigen" Aerosol-
Niederschlägen.

Obwohl noch zahlreiche Nahbegegnungen mit Titan bevorstehen,
wagen einige prominente Projektwissenschaftler schon jetzt den Schluss,

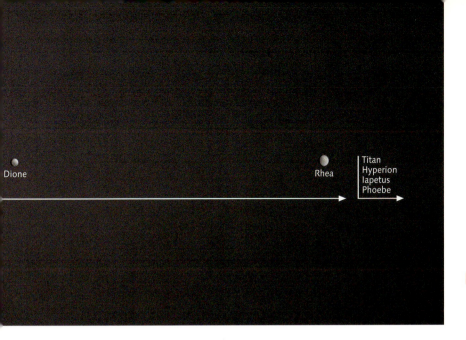

Dione

Rhea

Titan
Hyperion
Iapetus
Phoebe

57 Die Ringe reichen weit in das Reich der Monde, wobei sich der diffuse E-Ring von der Mimas-Bahn bis hin zu der von Titan erstreckt. Damit dürfte er das größte Gebilde seiner Art im Sonnensystem sein. Unser Bild der Ringe ist sozusagen ein kosmischer „Schnappschuss", denn sie sind nur einige hundert Millionen Jahre alt.

dass die Mondoberfläche geologisch jung sein muss, weniger als 500 Millionen Jahre alt. Sie ist – und das ist eine fundamentale Erkenntnis der Cassini-Huygens-Mission – sehr stark von Mechanismen geprägt, die auch das Geschehen auf der Erde bestimmt haben. Wie verblüffend diese Ähnlichkeiten sind und was dahintersteckt, werden wir im Zusammenhang mit der Huygens-Landung noch genauer sehen.

Die Ringe aus der Nähe betrachtet

Mit den elektronischen Augen von Cassini gesehen, bietet das Ringsystem einen vielfältigeren und komplexeren Anblick als das, was wir von den Voyager-Bildern kannten. Die Ringe entpuppten sich als eine höchst dynamische Region, in der sich Lücken öffnen und schließen, Wellen ausbilden, kurzlebige Materiezusammenballungen entstehen, um nur einige Phänomene zu nennen. Bestimmte Eigenschaften der Ringe können sich rasch örtlich und zeitlich verändern. Und auch das haben wir bereits von Cassini gelernt: Eine ganz entscheidende Rolle spielt der Blickpunkt des Beobachters. Ein Wechsel der Perspektive kann zu einem völlig anderen Eindruck führen. Interessant ist die Tatsache, dass bis heute unter den Projektwissenschaftlern keine völlige Klarheit über die Dicke der einzelnen Ringe herrscht. Dass sie in der Größenordnung von einigen hundert Metern liegt, dürfte in erster Näherung zutreffen. Kollisionen zwischen den Ringpartikeln führen auf die Dauer zu einer Abflachung, so dass durchaus ein nur 30 Meter dicker Ring mit sehr geringen Teilchenabständen entstehen kann.

Eine harte Nuss ist hier der B-Ring. Schon in kleinen Teleskopen ist er zusammen mit dem A-Ring und der Cassinischen Teilung ein eindrucksvol-

58 Am 3.5.2005 „durchleuchtete"
Cassini das Ringsystem mit Radiowellen.
Erscheint hier bereits die Struktur glei-
chermaßen faszinierend und komplex, so
wird sie noch um eine Größenordnung
verwirrender, wenn man die Ringe im
sichtbaren Licht mit hoher Auflösung
betrachtet.

les Objekt. Da er für sichtbares Licht ziemlich undurchlässig ist, muss man
sich zur Auslotung seiner vertikalen Ausdehnung anderer Techniken bedie-
nen. Bis Herbst 2005 hat ihn Cassini 12-mal mit Radiowellen auf drei verschiedenen Frequenzen „durchleuchtet". Zutage kam eine komplizierte
Struktur aus vier verschiedenen Regionen mit einem zentralen Bereich, der
auch für die Radiowellen undurchsichtig ist. In zwei Zonen schwankte die
Durchlässigkeit sehr stark. Es versteht sich von selbst, dass von einer ein-
heitlichen Dicke des B-Rings nicht die Rede sein kann. Fest steht, dass zumindest im „Kern" des B-Rings auch Material in der Größenordnung von
Metern relativ eng gepackt zu finden ist.

Seltsam ist auch die Situation am A-Ring: An diesem hellsten Gebilde wird das Problem der Perspektive besonders deutlich, das von allen beobachtenden Instrumenten Cassinis registriert worden ist. So wurde z. B. dieser Ring mittels Sternbedeckungen, vereinfacht formuliert, von oben und von der Seite durchleuchtet.

Das Ergebnis: zwei signifikant verschiedene Ringdicken. Die Ursache liegt in einer Zusammenballung von Teilchen, die ausgeprägte längliche Strukturen bilden. Sie liegen zwar unter der Auflösungsgrenze der Cassini-Kameras, dürften also Größen unterhalb einiger hundert Meter aufweisen, in den Sondendaten findet man aber verlässliche Hinweise auf ihre Existenz. Wie sie wirken, verdeutlicht ein einfaches Beispiel: Der Blick in einen Weinberg in die Längsrichtung der Rebstockreihen erlaubt eine weite Sicht. Schaut man jedoch von vorn auf die Pflanzungen, ist nur eine begrenzte Tiefensicht möglich.

Die überwiegende Mehrzahl der Ringteilchen, deren Größe im Bereich von Zentimetern bis Metern liegt, besteht aus Wassereis, zum Teil „verschmutzt" mit dunklem Staub. Cassini hat die Ringtemperaturen bei verschiedenen Sonnenständen gemessen. Unerwartet nahmen die ohnehin niedrigen Werte mit sinkender Sonnenhöhe merklich ab. Die Höchstwerte liegen zwischen −173° und −183 °C. Auf der Nachtseite sinken die Temperaturen um 15 °C ab. Das mag zunächst nicht ungewöhnlich erscheinen, doch bisher glaubte man, dass die Eisbrocken bei ihrer Wanderung um Sa-

▲ **59** Cassinis verschiedene Experimente liefern sich ergänzende Informationen auch über die Ringe. In der oberen Hälfte des Bildes sehen wir die Ringe, aufgenommen von Cassinis hoch auflösender Kamera, in Echtfarben. Hier beträgt die Detailauflösung einige Kilometer. In der unteren Hälfte des „Durchleuchtungsbilds" kann eine Auflösung, allerdings nur eindimensional, von rund 50 m erreicht werden.

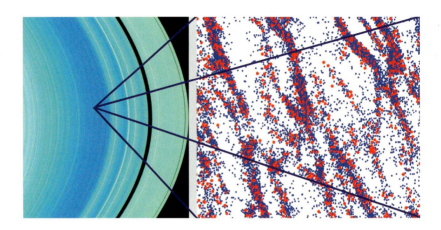

▶ **60** Die „klumpigen" Strukturen im A-Ring. Links ein Falschfarben-Bild, aufgenommen im UV. Die am tiefsten blaue Region im Ringzentrum zeigt die größten gravitativen Zusammenballungen. Das breiteste dunkle Band im Ring ist die Encke-Teilung, das schmale dünne, weiter rechts, die Keeler-Teilung. Das rechte Bild ist eine Computersimulation über 150 m Breite einer „klumpigen" Region. Die Teilchen bewegen sich entgegengesetzt dem Uhrzeiger von unten nach oben.

turn relativ schnell rotieren und sich somit die Unterschiede zwischen Tag und Nacht rasch ausgleichen. Die Rotation muss jedoch wesentlich langsamer erfolgen, vielleicht sogar nur einmal während eines Umlaufs um den Planeten. Das Ringmaterial dürfte auch sehr porös sein: ein weiterer Faktor, der zur raschen Abkühlung beiträgt. Am Auffälligsten war wieder der B-Ring. Die Messdaten vermitteln den Eindruck, dass man es hier mit einem kompakten Gebilde oder einer hochviskosen Flüssigkeit zu tun hat, was in der Realität natürlich nicht der Fall ist.

Immer wieder wurden die Voyager-Aufnahmen zum Vergleich herangezogen. Der planetennahe, nur schwierig zu beobachtende D-Ring erwies sich schon damals als ein Gebilde aus drei einzelnen Ringen bestehend. 25 Jahre später zeigten die Cassini-Bilder einen ganz anderen Anblick, der – so die Experimentatoren – die wohl dramatischsten Veränderungen im Ringsystem dokumentiert. Einer dieser „Unterringe" ist seit Voyager um 200 Kilometer näher an Saturn herangerückt und um den Faktor 10 heller geworden. Wellenartige Strukturen wurden jetzt entdeckt, mit Wellenlängen um 30 Kilometer, die über mehr als 1000 Kilometer Länge im Orbit stabil sind. Wer oder was für diese seltsame Organisation verantwortlich ist, bleibt zunächst noch fraglich.

Der F-Ring ist uns schon früher begegnet, er wird in Form gehalten von den beiden „Schäferhundmonden" Prometheus und Pandora. Mit Cassini war es nun erstmals möglich, ihn komplett rund um Saturn zu untersuchen, aber leider nicht in einem Guss. Seine Strukturen sind komplex und verändern sich schnell, so dass unser Gesamtbild keine Momentaufnahme darstellt, sondern eine Art Film über einen längeren Zeitraum. Die meisten seiner Partikel sind extrem klein, vergleichbar mit jenen im Zigarettenrauch. Eine spiralige Struktur zieht sich durch den Ring rund um den Planeten. Sind hier winzige Monde im Spiel, wie Sèbastien Charnoz, ein Wissenschaftler, der sich auf den F-Ring spezialisiert hat, vermutet? Drei Kandidaten, gesich-

61 Die Ringe sind unterschiedlich kalt, wie diese Messungen im Infrarot am 1.7.2004 zeigen, die auf eine Aufnahme mit der hoch auflösenden Kamera übertragen wurden. Rot markiert Temperaturen um 110 K (– 163 °C), Grün 90 K (– 183 °C) und Blau 70 K (– 203 °C). Die kühlsten Gebiete sind jene mit der höchsten Teilchendichte wie der äußere A-Ring und das Zentrum des B-Rings.

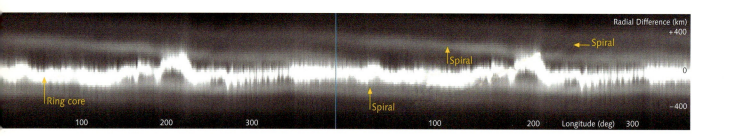

Radial Difference (km)
+400

Spiral

Spiral

0

Spiral

Ring core

−400

Spiral

100   200   300   100   200   Longitude (deg)   300

△ 62 Rätselhaft ist der F-Ring, in dessen Zentrum eine Struktur zu finden ist, die sich wie eine Feder spiralig um Saturn windet. Sie enthält nur sehr wenig Masse und dürfte unter dem Einfluss von kleinen Monden entstehen.

tet mit Cassini, gibt es. Doch, so Carl Murray, ein anderes Teammitglied: „Es ist schwierig zu unterscheiden, ob wir es mit Schäferhunden oder nur mit Schafen zu tun haben. Sind es echte Monde oder nur Materieklumpen? Sind sie immer da oder bloß temporäre Gebilde? Das ist unser Dilemma, mit dem wir ständig konfrontiert werden. Im F-Ring scheint ein ständiges Kommen und Gehen zu herrschen."

Ein besonders schwierig zu untersuchendes Objekt ist der 1980 von Voyager 1 entdeckte G-Ring, rund 170 000 Kilometer vom Zentrum des Planeten entfernt. Er ist zwar extrem transparent, seine Partikel aber sind nicht staubförmig, sondern eher in der Dimension von Reiskörnern und größer. Wenn man Carolyn Porco, die Ringspezialistin und PI im Kamerateam, fragt, welche Cassini-Bilder sie bisher am meisten verblüfft haben, verweist sie auf die Entdeckung von einzelnen Ringbögen im G-Ring, die anscheinend recht stabil sind. Hier ist die Partikeldichte gegenüber der Umgebung sehr stark erhöht. Dieses Phänomen hat man auch im Ringsystem von Neptun beobachtet. Eine Erklärung für diese „robusten" Bögen steht – zumindest für den G-Ring – noch aus.

Weiter draußen beherrscht der E-Ring die Szene, in dem einige der Eismonde ihre Bahn ziehen. Die Materiekonzentration in diesem weit ausgedehnten Gebilde ist so gering, dass es wesentlich leichter mit den Teilchendetektoren von Cassini aufzuspüren ist als mit den Kameras der Sonde. Für die Entstehung des Rings dürfte Enceladus verantwortlich sein. Mit dem CDA-Experiment (siehe S. 59) wurden in der Umgebung dieses Mondes drei

Staub-Populationen erkannt: einmal der allgemeine Hintergrund des E-Rings. Dann existiert Staub, dessen Quelle Enceladus als Ganzes ist. Die Freisetzung dürfte durch den ständigen Einschlag von Mikrometeoriten erfolgen. Staubquelle Nr. 3 ist die höchst aktive Südpolregion von Enceladus. Die Partikel bestehen nahezu vollständig aus reinem Wassereis, wobei Wasser-Ionen in Komplexen von bis zu 12 Molekülen registriert wurden. Nach Einschätzung von Ralf Scrama, dem PI des CDA-Experiments, dürfte der E-Ring sehr viel größer sein als bisher angenommen und sich bis über die Bahn von Titan ausdehnen. Hier sind noch viele Beobachtungen notwendig, um zu einem abschließenden Bild zu kommen.

Von Lücken und Speichen

Nicht nur die Ringe sind durch dynamische Prozesse geprägt mit ihren zum Teil raschen Veränderungen in Raum und Zeit. Das Gleiche gilt auch für die Ringteilungen, für Cassini, Encke, Keeler und wie sie alle heißen. So sorgt in der 325 Kilometer breiten Encke-Teilung, die keineswegs leer ist, der kleine Mond Pan, nur 26 Kilometer groß im Durchmesser, im wahrsten Sinne des Wortes für Wirbel. Er überholt die Partikel am äußeren Rand der Teilung, wodurch er sie beschleunigt und so auf eine weiter außen gelegene Bahn bringt, analog bremst er die ihn überholenden Teilchen am inneren Rand der Teilung ab und zwingt sie auf einen weiter innen gelegenen Orbit. Auch in der Teilung selbst macht sich Pan kräftig bemerkbar. In seinem Schwerefeld bewegen sich 60° vor und 60° hinter ihm in stabilen Positionen „Klumpen", das heißt Materiezusammenballungen. Lange Zeit hatte man die Encke-Teilung für eine materiefreie Lücke gehalten, doch schon Voyager korrigierte diese Vorstellung gründlich. Ein heller und mindestens drei schwächere Ringe wurden sichtbar. Während der größten Annäherung von Cassini am 1. Juli 2004 war diese Feinstruktur wieder zu erkennen. Zum großen Erstaunen der Wissenschaftler ist das jedoch kein Anblick von Dauer. Manchmal

▼ **63** Endlich: Auch Cassini sichtet die „Spokes"! 25 Jahre nach der Entdeckung des Phänomens durch Voyager gelang es am 5.9.2005, die wie Geister auftauchenden und wieder verschwindenden „Speichen" auf der Nachtseite der Ringe zu sehen. Die drei Aufnahmen zeigen über einen Zeitraum von 27 Minuten hinweg die „Spokes" im äußeren B-Ring.

ist der zentrale Ring sehr hell. Zu anderen Zeiten scheint die Lücke bis auf einen klumpigen äußeren Rand praktisch leer zu sein. Die Encke-Teilung ist eine Region der unberechenbaren Ereignisse und ein immer spannendes Beobachtungsobjekt.

Wenig war vom Cassini-Team bislang über die so genannten „Speichen" im B-Ring zu hören, die erstmals von Voyager gesichtet und später auch auf Hubble-Aufnahmen gefunden werden konnten. Sie sind meist länger als 20 000 Kilometer und haben knapp 60 Kilometer breite scharfe Ränder. Jede Speiche erscheint als ein Paar gegenüberliegender Dreiecke, an eine Sanduhr erinnernd. Wenn sie von der Schattenseite her auftauchen, sind sie über Stunden in ihrer Form beständig. Auch die unterschiedlichen Rotationsgeschwindigkeiten am oberen und unteren Ende der Speichen haben zunächst keinen Einfluss auf ihre Stabilität. Erst nach Stunden kommt es zu einem differentiellen Auseinanderscheren dieser Formationen. Von der Schattenseite jedoch zieht kontinuierlich Nachschub heran. Vermutlich entstehen diese extrem feinen Staubpartikel durch Kollision von Mikrometeoriten mit dem Ringmaterial. Sie sind elektrisch aufgeladen und werden in Wechselwirkung mit dem planetaren Magnetfeld oder dem Ringplasma über die Ringebene gehoben. Am 5. September 2005 ging ein Aufatmen durch das Kamerateam: Auch Cassini hatte die Speichen gesehen. Allerdings müs-

sen sich die Wissenschaftler für die weitere Erkundung des Ringsystems bis Ende Juli 2006 gedulden. Erst dann ist die Sonde für diese Untersuchung wieder in einer optimalen Bahn.

Der Planet im Visier von Cassini

Zu diesem Zeitpunkt der Mission ist noch kein geschlossenes, neues Bild des Ringplaneten zu erwarten. An aufregenden Detailerkenntnissen mangelt es jedoch nicht. Ein großer Teil der Beobachtungen konzentrierte sich auf die Atmosphäre. Mit VIMS (siehe S. 60) ist es durchaus möglich, 50 bis 100 Kilometer tiefer unter den sichtbaren Wolkenschleier zu schauen. Das

▲ **64** Dieses „Wärmebild" von Saturn ist ein Mosaik aus 35 Einzelaufnahmen, die am 4.2.2004 mit dem 10-Meter-Spiegelteleskop des Keck-Observatoriums auf dem Mauna Kea (Hawaii) gemacht wurden. Auffällig ist der „Hot spot" am Südpol des Planeten. Da auf der Südhalbkugel des Planeten Sommer ist, konnte man dort höhere Temperaturen erwarten. Ungewöhnlich ist jedoch der abrupte Temperatursprung ab 70° südlicher Breite, der die Temperatur bis zum Pol auf 91 K (– 182° C) ansteigen lässt.

Ergebnis ist beeindruckend, aber nicht unerwartet. Saturn sieht fast so aus wie Jupiter, mit Wirbelstürmen und streifenförmigen Wolkenstraßen. Erstmals konnte auch das vertikale Windprofil in der Hochatmosphäre gemessen werden. Hier nimmt die Geschwindigkeit bei nur 300 Kilometer Höhenzunahme um 140 m/s (504 km/h) ab. Für die Äquatorregion des Planeten wurden die Windgeschwindigkeiten neu bestimmt. Während Voyager für den ostwärts gerichteten Wind noch Werte um 470 m/s (1692 km/h) lieferte, zeigten Hubble-Messungen 20 Jahre später nur noch 275 m/s (990 km/h). Die Cassini-Messungen ergaben Geschwindigkeiten zwischen 325 m/s (1170 km/h) und 400 m/s (1440 km/h), wobei vermutlich unterschiedliche Höhen erfasst wurden. Dennoch sieht es so aus, als ob sich seit Voyager etwas in der Atmosphäre getan hat.

Carolyn C. Porco

Die Ringe haben sie schon immer fasziniert. Carolyn C. Porco, verantwortlich für das ISS, für das Kamerasystem an Bord von Cassini, war schon bei Voyager am Saturn dabei. Bereits Anfang der achtziger Jahre, als sie noch Doktorandin war, sah man sie im Kontrollzentrum in Pasadena stets dort, wo es Bilder zu betrachten gab. Die frisch entdeckten Ringspeichen hatten es ihr besonders angetan. 1983 promovierte Carolyn Porco am renommierten California Institute of Technology mit einer Arbeit über die Saturnringe. Sie wechselte dann an die Universität von Arizona, nie ihr Ziel aus denen Augen verlierend, bei den nächsten Etappen von Voyager 2, Uranus (1986) und Neptun (1989) nun auch „offiziell" im Kamerateam dabei zu sein. Die wissenschaftliche Ausbeute war überwältigend. Beide Planeten zeigten Ringsysteme mit zum Teil völlig unerwarteten Effekten, an deren Aufklärung sich Carolyn machte.

Bereits 1990 wurde die exzellente Hochschullehrerin zum PI für das Kamerateam auf der Cassini-Sonde berufen. Anerkennung trug ihr auch der Einsatz für das Andenken an Eugene Shoemaker ein, der wichtige Beiträge zur Geologie von Mond und Planeten geliefert hat. Carolyn Porco sorgte dafür, dass ein Teil seiner Asche 1998 mit der Sonde Lunar Prospector auf den Erdtrabanten gelangte. Ihre wissenschaftlichen Leistungen wurden unter anderem durch die Benennung des Asteroiden 7231 in Porco gewürdigt. Carolyns größter Wunsch: 2015 eine perfekte Nahbegegnung mit Pluto zu erleben. Den Platz im Team hat sie schon, und die Plutosonde ist am 19. Januar 2006 planmäßig auf die neun Jahre lange Reise gegangen.

Welche Seltsamkeiten bei einem tieferen Einblick zu erwarten sind, hat im Februar 2004 eine Aufnahme im ferneren Infrarot mit dem 10-Meter-Keck-Teleskop auf Hawaii gezeigt. Direkt am Südpol von Saturn erkennt man darauf einen „hot spot", eine im Vergleich zur Umgebung ausgeprägt wärmere Region. Da auf der Südhalbkugel des Planeten knapp 15 Jahre lang Sommer war, sind etwas höhere Temperaturen durchaus zu erwarten. Doch ein so scharf abgegrenzter Bereich, um den zudem ein warmer Luftstrom zirkuliert, das genaue Gegenteil der kalten Luftströmungen um die irdischen Pole, ist eine echte Überraschung. Aber auch die Sensoren von Cassini können mit Spektakulärem aufwarten. So haben sich in einem Wolkengürtel bei 36° südlicher Breite auf dem Saturn innerhalb nur weniger Monate mehrere große Stürme entwickelt mit Gewittern im Gefolge. Dazu gehört auch jenes Gebilde, das Mitte September 2004 Aufsehen erregte und wegen seiner bizarren Form „Drachensturm" genannt wird. Über einen längeren Zeitraum war dies die Quelle schwerster Gewitter.

Die Entdeckung, dass über der Nordhalbkugel des Planeten blauer Himmel herrscht, mag als Kuriosum erscheinen. Er entsteht genau so wie das irdische Himmelsblau durch die so genannte Rayleigh-Streuung. Die

▲ 65 ▲ 66 Schwere Stürme auf Saturn sind häufiger als vermutet. Neben dem dramatischen Monstersturm Ende Januar 2006 (siehe Abb. 66 oben) ist der wegen seiner bizarren Form so genannte Drachensturm vom September 2004 dafür beispielhaft, der mit extrem starken Gewittern verbunden war. Die Falschfarbenaufnahme zeigt auch die unterschiedliche Konzentration von Methan in der Atmosphäre, wobei Rot den höchsten Anteil des Gases über der tief liegenden Wolkendecke anzeigt.

▶ **67** Polarlichter auf Saturn, zeitlich und in ihrer Intensität veränderlich, wurden bereits intensiv mit dem Hubble-Weltraumteleskop beobachtet. Leider sind sie nur im ultravioletten Bereich so eindrucksvoll.

südliche Hemisphäre aber sieht gelb aus, wofür die Wolken verantwortlich sind. Und hier genau beginnt das Problem: Wo sind die Wolken auf der Nordhalbkugel geblieben? Eigentlich können sie nur in tiefere Schichten abgesunken sein. Bisher wurde ein plausibler Mechanismus, wie und warum das passiert, aber noch nicht gefunden.

Von Gewittern war gerade die Rede. Sie sind auf Saturn rund eine Million Mal stärker als auf unserem Planeten und konnten beim Anflug von Cassini bereits aus 161 Millionen Kilometer Entfernung über ihre Radiostrahlung mit dem Experiment RPWS (siehe S. 59) registriert werden. Der Beweis, dass diese Strahlung wirklich von Gewittern ausgeht, wurde mit den Kameras der Sonde geführt. Die stärkste Emission an Radiostrahlung fiel stets mit auffällig hellen Wolken zusammen.

Seit Hubble kennen wir die Polarlichter auf Saturn. Messungen und Beobachtungen mit Cassini ergaben einen erstaunlichen Befund: Saturn tanzt hier aus der planetaren Reihe. Sein Magnetfeld, Quelle dieser rasch veränderlichen Erscheinungen, reagiert ganz anders auf den Sonnenwind, als man es von der Erde und auch vom Jupiter her kennt. Eine neue Theorie ist also gefragt. Mit dem bloßen Auge übrigens würden wir auf Saturn nur einen matten Abglanz dieser eindrucksvollen „Lichtspiele" wahrnehmen, denn es leuchtet ionisierter Wasserstoff, mit dem Schwerpunkt im ultravioletten Bereich des Spektrums.

Auch die Magnetosphäre hat ihre Besonderheiten und in mancher Hinsicht kaum Ähnlichkeit mit derjenigen Jupiters. Geladene Teilchen sind in der Minderheit. Die Ringe dürften hier als sehr wirksame „Fänger" agieren. Andererseits sind sie für den größten Teil des Inventars, neutrale Atome und wasserreiche Komponenten, verantwortlich. Von der Chemie her ähnelt Saturns Magnetosphäre eher dem „feuchten" Plasma der Kometen. Mit Cassini wurden vier individuelle Plasma-Regionen lokalisiert, die sich hinsichtlich ihrer Physik und Chemie deutlich voneinander unterscheiden. Hier stellen sich aufregende Fragen quer durch die Disziplinen wie z. B., ob das Plasma im Laufe der Zeit einige Monde regelrecht „beschichtet" hat. Die Magnetosphäre ist eine „Schmutzschleuder". Sie beschleunigt Staubteilchen auf Geschwindigkeiten von über 100 km/s. Schon in einer Entfernung von 70 Millionen Kilometer konnte Cassinis CDA dieses Mikro-„Sandstrahlgebläse" nachweisen.

Huygens am Titan

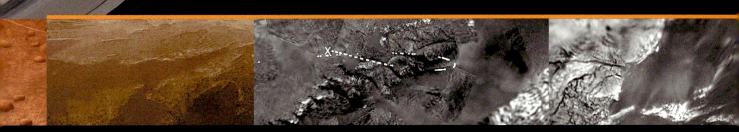

68 Am 14.12.2004 wird die Huygens-Sonde von Cassini abgetrennt und nimmt Kurs auf Titan, den sie am 14.1.2005 erreicht.

Über sieben Jahre und zwei Monate eines langen Fluges verbrachte Huygens passiv an Bord des Cassini-Orbiters. Die „Ruhe" der Tochtersonde wurde von Zeit zu Zeit allenfalls aus dem Kontrollraum der ESOC in Darmstadt unterbrochen. In turnusmäßigen Testkampagnen wurden Komponenten ein- und ausgeschaltet, die lebenswichtigen Batterien für die entscheidende Phase des Unternehmens überprüft, Software-Patches hochgeladen.

Am 14. Dezember 2004 begann die Kampagne, auf die zahlreiche Wissenschaftler seit über 20 Jahren hingearbeitet hatten. Um 03:30 Uhr MEZ – alle folgenden Zeitangaben in MEZ Erdempfangszeit – wurde das Haupttriebwerk für 85 Sekunden gezündet. Cassini geht auf Kollisionskurs mit

Titan, fliegt direkt auf den Trabanten zu. Spannend wird es am 25. Dezember, 04:08 Uhr: Huygens wird abgetrennt. Ein Federmechanismus stößt die Tochtersonde mit 30 cm/s ab. Mit 7,5 Umdrehungen pro Minute rotierend, schwebt Huygens davon. Nicht nur mit den Kameras von Cassini wird die perfekte Abtrennung dokumentiert, auch das Magnetometer an Bord registriert das Ereignis. Als Huygens Mitte der neunziger Jahre konzipiert wurde, war eine der wichtigsten Forderungen die magnetische Reinheit der Sonde, um die empfindlichen Cassini-Magnetometer nicht zu stören. Doch nach der Fertigstellung von Europas Beitrag stellte sich heraus, dass ein schwaches, aber tolerables Feld vorhanden war. Den Experten dies- und jenseits des Atlantiks kam die Idee, dieses Feld (etwas asymmetrisch zum Schwerpunkt der Sonde liegend) als diagnostisches Hilfsmittel bei der Abtrennung einzusetzen. Durch diese Orientierung bekam Huygens eine rechte und linke magnetische Markierung. Damit war Cassini mit seinen beiden Sensoren, montiert am 11 Meter langen Ausleger, in der Lage, aus den schwachen Schwankungen des Feldes sowohl die Rotationsrate von Huygens als auch seine Abdriftgeschwindigkeit zu bestimmen.

Am 28. Dezember, 05:07 Uhr, ist erneut eine Kurskorrektur von Cassini fällig. Die Sonde soll am 14. Januar 2005 zum richtigen Zeitpunkt in 60 000 Kilometer Abstand an Titan vorbeifliegen und ist dann in der richtigen Position, um störungsfrei den Datenfluss des Landers aufzunehmen. Nach der Abtrennung von Huygens gibt es keine Möglichkeit mehr, der Sonde Befehle zu geben. Bis zum Eintauchen in die Titan-Atmosphäre bleibt die Sonde stumm.

Im JPL in Pasadena werden nun letzte Vorbereitungen getroffen: Am 6. Januar 2005, 12:53 Uhr, erfolgt das Kommando, alle Experimente mit Ausnahme von MAG abzuschalten und Cassini für die entscheidenden Stunden zu konfigurieren. Einen Tag später, um 10:00 Uhr, wird die Sonde in ihren wissenschaftlichen Aktivitäten heruntergefahren, ihre Raumlage permanent mit Hilfe der Triebwerke kontrolliert.

Countdown für Huygens

Am 14. Januar 2005 ist es soweit, die Stunde der Wahrheit naht. Im JPL in Pasadena und bei der ESOC in Darmstadt herrscht absolute Hochspannung.

06:51 Uhr: Ein Timer an Bord weckt die Bordelektronik auf und versetzt den Bordsender schon über vier Stunden vor dem eigentlichen Eintritt in den „Low Power Mode", damit er sich erwärmt.

09:09 Uhr: Cassini hat in einem 12-minütigen Manöver die optimale Raumlage für den Datenempfang von Huygens erreicht. Drei Minuten später wird die X-Band-Telemetrie zur Erde abgeschaltet. Nun wird man auch vom Orbiter einige Stunden lang nichts mehr hören.

11:13 Uhr: Huygens erreicht die definierte Eintrittsregion, die so genannte „Reentry Altitude", in 1270 Kilometer Höhe. Jetzt spürt die Sonde erstmals die kräftige Wirkung der Atmosphäre.

11:16 Uhr: Die Zone der maximalen Abbremsung wird durchquert. Drei Minuten lang wirken starke aerodynamische Kräfte auf den Hitzeschild ein. Ein imaginärer Beobachter würde ihn leicht rotglühend sehen. Dramatisch ist die Abbremsung: von 18 000 km/h auf 1400 km/h!

11:17 Uhr: Nachdem der Beschleunigungsmesser an Bord der Sonde signalisiert hat, dass ihre Geschwindigkeit unter 1500 km/h abgesunken ist, wird der kleine Vorfallschirm, 2,6 Meter groß, in einer Höhe um 180 Kilometern über der Oberfläche freigesetzt. Seine Aufgabe ist es, die Schutzabdeckung auf der Rückseite von Huygens wegzureißen und gleichzeitig den Hauptfallschirm aus seinem Behältnis zu ziehen. Das Ganze dauert nur knapp drei Sekunden.

11:17 Uhr: Der Hauptfallschirm, 8,3 Meter im Durchmesser, ist freigesetzt, der Hitzeschild abgesprengt. Noch liegt die Sinkgeschwindigkeit bei Mach 1,5. Die Bordsender werden hochgefahren. Nun beginnen alle Experimente zu arbeiten und die Datenübertragung zum Cassini-Orbiter startet.

11:20 Uhr: Das 100-Meter-Radioteleskop in Green Bank, West Virgi-

nia, das größte seiner Art, empfängt das schwache Trägersignal von Huygens, das im S-Band (2 GHz) zu Cassini abgestrahlt wird. Die Sendeleistung ist mit je 12 Watt extrem gering und enspricht etwa der Speisung für die Beleuchtung eines Kühlschranks. Es bedarf also der größten Antennen auf dem Erdball, um diese extrem schwachen Signale aus 1,2 Milliarden Kilometer Entfernung direkt auffangen zu können.

11:32 Uhr: Der Timer an Bord von Huygens gibt das Signal zum Abtrennen des Hauptfallschirms. Ein kleiner Stabilisations-Fallschirm, drei Meter groß, wird ausgeklinkt, um den Abstieg zu beschleunigen. Die Sonde ist nur noch 125 Kilometer von Titans Oberfläche entfernt.

11:49 Uhr: In 60 Kilometer Höhe übernimmt das Altimeter der Sonde die Höhenmesssung.

13:10 Uhr: Für die Beobachter in Green Bank geht Titan nach einer erfolgreichen Messkampagne unter. Etwa 20 Minuten später übernimmt ein anderes großes Radioteleskop in Parkes (Australien) und empfängt kräftige Signale von Huygens. Insgesamt 18 Radioteleskope werden weltweit im Laufe der Kampagne auf Titan gerichtet sein.

△ 70 Die letzten Phasen der Huygens-Landung auf Titan. Dieses Bild entwarf der Künstler allerdings erst nach dem Ereignis. Im Vorfeld waren zahlreiche Darstellungen sowohl einer trockenen als auch einer ozeanischen Oberfläche im Umlauf, die, wie sich zeigen sollte, kaum die Realität trafen.

71 Der Huygens-Lander auf der Oberfläche von Titan. Die Kamera hatte in Wirklichkeit nicht die Chance, so viel von der Umgebung zu sehen, doch gibt das Bild des Künstlers uns hier eine gute Vorstellung davon, wie die Szene wahrscheinlich aussah.

13:19 Uhr: Cassini hat mit 60 000 Kilometern seine größte Annäherung an Titan erreicht.

13:40 Uhr: Eine 20-Watt-Lampe am Bord von Huygens wird eingeschaltet. Ihre primäre Aufgabe: Als Lichtquelle mit genau definiertem Spektrum soll sie die Referenz für die Fluoreszenz-Spektroskopie bilden und als Nebeneffekt die Landschaft kurz vor der Landung etwas aufhellen.

13:45 Uhr: Mit etwa 4,5 m/s (16,2 km/h) setzt die Sonde auf der Oberfläche von Titan auf.

14:57 Uhr: Die Verbindung zu Cassini reißt 72 Minuten nach der Landung ab, weil die Landestelle auf Titan für den Orbiter untergeht.

15:57 Uhr: In einem 13-minütigen Manöver wird der Orbiter mit seiner Hauptantenne wieder in Richtung Erde orientiert.

16:17 Uhr: Das Playback der Huygens-Daten beginnt. Insgesamt etwa 60 MB empfängt die NASA-Bodenstation in Canberra mit 66,38 KB/s.

16:55 Uhr: Huygens sendet immer noch. Doch auch für Parkes sinkt Saturn schließlich unter den Horizont. Radioteleskope in China und Japan übernehmen. Wie es aussieht, haben die Batterien der Sonde die optimistischste Schätzung ihrer Lebensdauer von sieben Stunden zumindest erreicht, vielleicht sogar übertroffen.

Es ist eine Sternstunde für die planetare Raumfahrt Europas, die Krönung von zwei Jahrzehnten oft mühevoller Arbeit. Auch als Gemeinschaftsunternehmen NASA-ESA ist die Mission ein herausragendes Beispiel für eine exzellente Kooperation, von der die einen meinen, dass sie so nicht wiederkommt, andere wiederum sie als verpflichtenden Maßstab für zukünftige Projekte dieser Dimension sehen wollen.

Eine negative Überraschung, die allerdings die Hochstimmung zunächst kaum trübt, macht langsam die Runde: Der Datenkanal A zur Erde ist leer. Ursprünglich war geplant, das Datenvolumen aus Redundanzgründen zu splitten und danach den annähernd identischen Datenstrom mit einem Zeitversatz von wenigen Sekunden auf zwei Kanälen A und B zum Cassini-Orbiter zu senden. Das Team des DISR entschied sich jedoch, die Redundanz nicht zu nutzen und stattdessen das Wagnis einzugehen, unterschiedliches Bildmaterial auf den Kanälen A und B zu senden.

Deshalb gingen 350 der 700 während des Abstiegs gemachten Aufnahmen verloren wie auch die Doppler-Windmessungen. Relativ schnell wird die Ursache des Problems gefunden: Ein Kommandofehler auf der Huygens-Seite. Der entsprechende Befehl zum Einschalten des ultrastabilen Frequenznormals für den Kanal A an Bord des Orbiters war in der von der ESOC an das JPL übermittelten Kommandosequenz nicht enthalten. Auf Kanal A von Huygens funktionierte das entsprechende System jedoch. Dieses Signal konnte von den weltweit operierenden Radioteleskopen empfangen und daraus ein brauchbares Windprofil der Atmosphäre, allerdings mit einem Zeitloch von 26 Minuten, abgeleitet werden.

Eine seltsame Atmosphäre

Auf Titan existiert, wie auf der Erde auch, ein ausgeprägtes Klima und Wetter. So wehen die zonalen Winde in Richtung der Rotation von Titan, von West nach Ost. In 125 Kilometer Höhe, entsprechend einem Druckniveau von vier Millibar (mbar), erreichen sie Geschwindigkeiten von über 110 m/s (396 km/h). Damit haben wir es mit einer „Superrotation" zu tun, das heißt, die Atmosphäre rotiert schneller als der Planet. Im Höhenbereich von 60 bis 80 Kilometern (15 – 35 mbar) treten Scherwinde auf, die die Sonde unter dem Fallschirm teilweise zum Schwingen oder Trudeln bringen. Hier wurde auch eine Zone durchflogen, in der die Windgeschwindigkeit dramatisch zurückging. Erst unterhalb der Tropopause, unter 60 Kilometern, wurde es ruhig, fast „langweilig, weil das Profil den Erwartungen entsprach", wie Michael K. Bird, der PI des Doppler-Wind-Experiments, konstatierte. In sieben Kilometer Höhe sinkt die Geschwindigkeit auf Null. Dann dreht sich die Windrichtung von Ost nach West. In Bodennähe, unterhalb von vier Kilometern, ist ein schwaches, aber etwas komplexeres Windmuster zu beobachten. Generell gilt, dass die Windgeschwindigkeiten geringer waren, als es Modellrechnungen erwarten ließen.

Die Atmosphäre selbst ist stark strukturiert. In den oberen Schichten waren sowohl die Dichte als auch die Temperatur höher als erwartet. Mit dem Experiment HASI (siehe S. 67 f.) konnte eine Reihe von Inversionsschichten, Regionen also, in denen der normale Temperaturabfall mit der Höhe plötzlich durch eine Temperaturzunahme abgelöst wird, registriert werden. Solche Schichten finden sich in 1020, 980, 800, 680 und 510 Kilometer Höhe. Neben der erwarteten Ionosphärenschicht in 70 – 90 Kilometer Höhe, die durch die galaktische Kosmische Strahlung verursacht wird, fand HASI eine zweite solche Schicht zwischen 40 und 140 Kilometer Höhe mit einem Maximum der elektrischen Leitfähigkeit um 60 Kilometer Höhe. Auch Anzeichen von „Gewittern" finden sich in den Messdaten.

Ausgeprägte Wolken- und Dunstschichten konnten beobachtet werden. Ursprünglich hatte man erwartet, dass unterhalb von 80 Kilometer Höhe die Atmosphäre völlig klar sei und man bereits aus großen Höhen mit dem DISR-Experiment (siehe S. 66) scharfe Aufnahmen der Landeregion gewinnen könnte. Doch das war nicht der Fall. Erst ab rund 20 Kilometer Höhe verringerten sich Trübung und Dunst so stark, dass bis zur Landung relativ kontrastreiche Bilder zu Stande kommen konnten. Dennoch sieht die Oberfläche aus 20 Kilometer Höhe leicht neblig aus. Dunst und Aerosole reichen also, wenn auch in geringer Konzentration, bis zur Oberfläche hinab. Der Dunst oder „Nebel" besteht, das zeigte das Experiment ACP und GCMS (siehe S. 68 f.), aus Methan.

Sehen wir uns zunächst die Atmosphäre etwas näher an. Schon in den Voyager- und Cassini-Aufnahmen lässt sich eine Schichtung erkennen. Sie besteht aus Gas und Aerosolen, Schwebeteilchen aus organischem Material, die für die braune Trübung dieser Lufthülle sorgen. Sie setzt sich zu rund 98 Prozent aus Stickstoff und 1,8 +/− 0,5 Prozent aus Methan sowie Spurenbeimengungen von Argon und weiteren Kohlenwasserstoffen zusammen. Bereits die Existenz einer solchen Atmosphäre wirft erhebliche Fragen auf. So sieht man bei der genaueren Untersuchung ihrer Stickstoff-Isotope im Vergleich z. B. mit den Verhältnissen auf der Erde eine deutliche Verminderung des leichteren Isotops N-14, während das schwerere N-15 zurückbleibt. Titan verliert also kontinuierlich Atmosphäre in den Weltraum. Seine ursprüngliche Atmosphäre dürfte etwa fünfmal dichter gewesen sein als der heutige Zustand.

Der Stickstoff selbst ist ein Sekundärprodukt, dessen „Mutter" Ammoniak war. Diese Verbindung ist in großem Umfang bei der Entstehung von Titan gebildet worden und kann möglicherweise noch heute eine große Rolle im Verständnis des ungewöhnlichen Vulkanismus auf der Oberfläche spielen.

Beim Methan liegt der Fall anders. Hier trifft man das „normale" Verhältnis der Kohlenstoff-Isotope an. Dieser Kohlenwasserstoff muss also laufend nachgeliefert werden. Auch eine andere Tatsache unterstreicht dies: In der Hochatmosphäre des Mondes laufen photochemische Prozesse ab, deren Energiequelle die solare UV-Strahlung ist. Sie zerstören wirkungsvoll das Methan und lösen jene komplexen chemischen Reaktionen aus, die zur Bildung des braunen Aerosols führen. Ursprünglich vorhandenes Methan müsste dadurch bereits innerhalb von nur 10 bis 20 Millionen Jahren vollständig verbraucht worden sein.

Woher kommt permanent Nachschub? Um überbordender Phantasie gleich Einhalt zu gebieten: Keinesfalls ist Titans Methan biologischen Ursprungs, denn dabei, so kennen wir es von der Erde, wird das Kohlenstoff-Isotop C-12 deutlich angereichert. Die Cassini-Daten zeigen eher das Gegenteil. Vielmehr stammt das Methan von der Oberfläche oder aus oberflächennahen Bereichen, wo es seit der Entstehung des Mondes in großen Mengen vorhanden sein muss. Sehr wahrscheinlich war und ist es in Käfigmolekülen, in so genannten Clathraten eingeschlossen. Beim Gefrieren von Wasser können bestimmte Gase in die entstehenden Hohlräume eingelagert werden. So gebundenes Methan ist auch auf der Erde gut bekannt. Auf Titan könnte dieses Clathrat auf einem unter der Kruste liegenden Ozean schwimmen und episodisch sein Methan an die Atmosphäre abgeben.

Die Messungen mit dem Experiment GCMS (siehe S. 68) an Bord des Huygens-Landers zeigten bis zum Aufsetzen eine Zunahme des Methan-Anteils von zwei auf fünf Prozent. In Höhen um die 10 Kilometer über der Oberfläche ist die Atmosphäre mit dem Kohlenwasserstoff gesättigt; 100 Prozent „Luftfeuchte" also, wobei es sich eben nicht um Wasser, sondern um Methan handelt. Hier entsteht jener Dunstschleier, der einen absolut ungetrübten Blick auf die Oberfläche erschwert. Dass diese Methan „nass" ist, hat man nach der erfolgreichen Landung beobachten können.

Beim Studium der Planetenatmosphären spielt die Frage nach dem Anteil der schweren Edelgase Argon, Krypton und Xenon eine wichtige Rolle. Sie waren bereits seit Beginn der Entstehung unserer engeren kosmischen

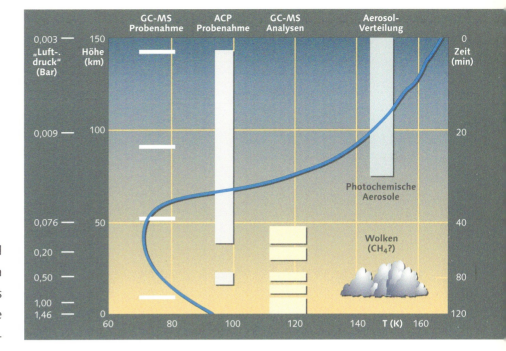

Heimat vorhanden und Bestandteil des Materials, aus dem schließlich die Sonne und die Mitglieder des Planetensystems hervorgingen. Die Untersuchung der Isotopenzusammensetzung dieser Edelgase z. B. in den Atmosphären von Venus, Erde, Mars und Jupiter sowie in den Gaseinschlüssen von Meteoriten hat wertvolle Aufschlüsse über ihre Entwicklung geliefert. Beim Argon jedoch existiert ein Isotop, Ar-40, das nicht aus fernen Zeiten stammt, sondern laufend aus dem Zerfall des Kalium-Isotops 40 gebildet wird und z. B. den Löwenanteil des in der irdischen Lufthülle vorkommenden Argons ausmacht. Überraschend konnte in der Atmosphäre von Titan ebenfalls Argon-40 nachgewiesen werden, während die hochempfindlichen Techniken des GCMS an Bord von Cassini keines dieser primordialen Edelgase entdeckten, jener Komponenten, die bereits bei der Entstehung des Sonnensystems vorhanden waren. Der mineralische Kern von Titan produziert also über den radioaktiven Zerfall Argon, das offensichtlich auch durch den Mantel und die Kruste entweicht.

Konnten mit der Huygens-Landung die vielen Fragen zu den Aerosolen in der Atmosphäre beantwortet werden, die auch als Niederschläge auf die Oberfläche „abregnen"? In einem großen Höhenbereich der Atmosphäre, von etwa 325 Kilometer aufwärts, spielen sich die bereits erwähnten photochemischen Prozesse ab, die aus so einfachen Komponenten wie Methan und Stickstoff eine breite Palette von chemischen Verbindungen bis zu hoch komplexen Strukturen entstehen lassen. So registrierte Cassini beim Durchqueren der Titan-Ionosphäre in 1200 bis 1300 Kilometer Höhe Moleküle mit zwei bis sieben Kohlenstoffatomen.

Seit Jahren wurde bis in jüngster Zeit in Laborexperimenten versucht, in einer simulierten Titan-Atmosphäre den braunen Smog entstehen zu lassen. Dabei entstanden auf der Basis von Kohlenstoff-Stickstoff-Wasserstoff-

72 Mit den Experimenten GCMS und ACP wurden Proben der Titan-Atmosphäre in verschiedenen Höhen zur Analyse der rotbraunen Aerosole genommen und auch die Atmosphäre bis hinab zur Oberfläche auf ihre generelle Zusammensetzung untersucht. Die blaue Kurve zeigt das Temperaturprofil in der Atmosphäre des Mondes.

Bindungen Makromoleküle von irregulärer Struktur, die in den siebziger Jahren von Carl Sagan als Tholine bezeichnet wurden. Doch das rotbraune Gemisch aus dem Labor ist zumindest in seinen spektralen Eigenschaften nicht mit dem Material identisch, das sich auf der Oberfläche von Titan niederschlägt. François Raulin, ein Mitglied des ACP/GCMS-Teams, erklärt diese Diskrepanz mit dem Effekt, dass sich beim Abregnen der Tholine einiges aus der unteren Atmosphäre ankondensiert.

Bei der thermischen Zerlegung der Aerosolproben im ACP/GCMS wurden unter anderem Ammoniak und Zyanwasserstoff frei. Sie stammen aber nicht unmittelbar aus der Atmosphäre, denn dort waren sie nicht nachweisbar. Nur am Rande erwähnt: Diese „Verschmutzung" der Atmosphäre trägt erheblich zu ihren seltsamen physikalischen Eigenschaften wie dem Temperaturprofil und der Strahlungsbilanz bei. Eine andere bemerkenswerte Feststellung: Die untere Atmosphäre ist – mit Ausnahme von Methan – so gut wie frei von anderen gasförmigen organischen Komponenten. Ein anderes Bild bietet sich bei Messungen direkt an der Oberfläche, wie uns Huygens gezeigt hat.

Ein vertrauter Anblick und doch ganz anders

Es ist ein Bild, das in Zukunft in keinem Buch über die Erkundung des Sonnensystems fehlen wird und das auch der Huygens-Mission für lange Zeit einen Spitzenplatz in der Geschichte der Raumfahrt sichern dürfte. Wir sehen eine vertraute Landschaft, die auf den ersten Blick an Aufnahmen der Marsoberfläche erinnert, wie sie von den amerikanischen Rovern übermittelt wurden. Ähnliches Terrain ist auch auf der Erde anzutreffen. Auf der Aufnahme sind über 50 „Steine" zwischen drei Millimeter und 15 Zentimeter Durchmesser zu erkennen. Kein Objekt größer als 15 Zentimeter ist im Bild zu sehen. Bei Objekten unter fünf Zentimetern herrscht ein Defizit. Sofort fällt die gerundete Form der „Steine" auf, geprägt durch die lange Ein-

Nord

Titan 5150 km

950 km

26 km

32 km

73 Aus Cassini- und Huygens-Bildern entstand dieses Mosaik mit der Einordnung der Landestelle.

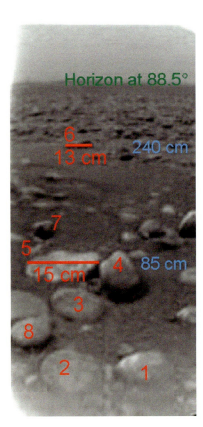

74/75 Der 14.1.2005 ist ein historisches Datum: Huygens steht auf der Oberfläche von Titan. Eine der Kameras der Sonde zeigt uns eine überraschende Landschaft, die in den Farben an den Mars erinnert, mit ihren gerundeten „Steinen" aber auch sehr irdische Züge zeigt. Erst die Größenverhältnisse (siehe Abbildung oben) machen deutlich, dass hier nur ein kleiner und sehr naher Ausschnitt der Oberfläche aufgenommen worden ist.

wirkung von „Wasser". Von Wasser kann jedoch keine Rede sein. Die gemessene Temperatur, 93,65 +/- 0,25 K (−179,55° +/- 0,25 °C) macht deutlich, dass hier Wasser nur in Form von Eis vorliegen kann. Was hier fließt oder geflossen ist, liegt auf der Hand: Methan, vielleicht im Gemisch mit Ethan.

Der Boden an der Landestelle ist weder hart noch etwa leicht komprimierbar. Er ist in seinen Eigenschaften eher vergleichbar mit nicht zu dicht gepacktem Schnee, feuchtem Ton oder nassem Sand. Die Kontaktspitze der Sonde, das Penetrometer, schien eine harte Kruste durchstoßen zu haben, bevor sie in den weichen Untergrund eindrang. Spätere Labortests des SSP-Teams um John Zarnecki führten jedoch zu einer anderen Deutung: Die Kontaktspitze war zunächst auf einen kleinen Stein gestoßen, rutschte ab und berührte dann den Untergrund. Dieser dürfte, so die Aussage jetzt, aus „Eissand" bestehen. Etwa 10 Zentimeter tief ist der Lander in den Boden eingetaucht.

Während der 72 Minuten, in denen Daten von der Oberfläche empfangen werden konnten, kam es in mehrfacher Hinsicht zu Veränderungen: So stieg die Methan-Konzentration an der Landestelle deutlich an, freigesetzt durch die Wärme von Huygens. Auch die Schallgeschwindigkeit am Boden, 192 m/s, zeigte Schwankungen, die wahrscheinlich auf die Gasentwicklung zurückzuführen waren. Ein Kuriosum, das bisher noch der Interpretation harrt: Huygens neigte sich ganz langsam, um 0,2° pro Stunde.

In der Atmosphäre an der Landestelle, hier herrschte ein „Luftdruck" von 1467 +/−15 Millibar, fand das GCMS eine Vielfalt von Verbindungen, so z. B. neben Stickstoff und Methan auch Ethan, Kohlendioxid, Benzol und Dicyan. Sehen wir uns die Umgebung von Huygens etwas genauer an. Bei der Landung der Sonde sah die Oberfläche (etwa von 90 Metern abwärts gesehen) recht eben aus, doch nicht vollständig flach. Über rund 1000 Quadratmeter Gesichtsfeld waren Höhenunterschiede von etwa einem Meter zu erkennen. Die an Flusskiesel erinnernden Gebilde auf dem Boden sind keineswegs mineralischer Natur. Sie bestehen – so die allgemeine Einschätzung – aus Wassereis. Bei −180 °C ist Eis hart wie Granit und verhält sich in strömenden Flüssigkeiten wie ein Stein, wird also im Laufe von Jahrhunderten und mehr rund gewaschen. Offensichtlich stand der Lander in einem Strombett, in dem Methan geflossen ist oder von Zeit zu Zeit noch fließt.

Merkwürdig ist nur, dass die spektrale Signatur, der charakteristische Fingerabdruck, von Wasser nicht erkennbar ist. Die nahe liegende Erklärung: Eine Beschichtung mit organischem Material, das ständig aus der Atmosphäre abregnet, maskiert die Wasserkennung. An Bord des Landers befand sich im HASI-Experiment (siehe S. 67) eine Einrichtung, mit der auch die Dielektrizitätskonstante des Oberflächenmaterials gemessen wurde. Sie entsprach nicht der von Wassereis. Allerdings sah es so aus, als ob dieser Sensor nicht perfekt funktionierte. Wenn denn die „Steine" nicht aus Wassereis bestehen, wie einige wenige Wissenschaftler behaupten, woraus dann? Kohlendioxid wurde ins Gespräch gebracht. Doch nichts spricht für eine größere Anwesenheit dieser Verbindung auf der Oberfläche. Hinter diesen Diskussionen steht die Frage, wie es unter der Oberfläche von Titan aussieht. Seine geringe Dichte von 1,9 g/cm^3 legt nahe, dass dieser Mond zu etwa 50 Prozent aus Wassereis bestehen dürfte. Um einen mineralischen Kern, so die eine Hypothese, liegt ein Eismantel, der praktisch bis unter die Oberfläche reicht. Sicher muss es hier eine Grenzregion geben, in der jene Prozesse starten, die die Oberfläche prägen. Das Modell krankt jedoch an seinen Verallgemeinerungen. Titan ist, das stellt sich mehr und mehr heraus, ein Spezialfall.

Jonathan Lunine, einer der interdisziplinären Wissenschaftler des Cassini-Huygens-Teams, geht von einem anderen Ansatz aus. Unter der eisharten Oberfläche existiert ein „Ozean", bestehend aus flüssigem Ammoniak und Wasser. Dieses zum Teil „matschartige" Gemisch, in seinen Fließeigenschaften ähnelt es tatsächlich silikatischer Lava, kann bei „kalten" Vulkanausbrüchen an die Oberfläche dringen und damit jene an irdische Basaltflüsse erinnernden Strukturen auf Titan zwanglos erklären. Ammoniak und anderen chemischen Verbindungen dürfte eine Schlüsselrolle im Verständnis des Geschehens auf Titan zukommen.

15 km

Die Landeregion von oben gesehen

Das DISR-Experiment (siehe S. 66) nahm ab einer Höhe von rund 20 Kilometern über der Oberfläche rund 1000 Bilder auf. Zwei Kameras mit einer mittleren bzw. einer hohen Auflösung sowie eine dritte, die nach seitwärts schaute, gewannen durch die Rotation des Landers fast vollständige Panoramen. Leider ging – wie bereits geschildert – die Hälfte der Bilder über den Datenkanal A verloren. Jede Aufnahme hatte einen Dateninhalt von 40 000 Pixel. Zur Erinnerung: Eine typische Digitalkamera bringt es auf mindestens drei Millionen Pixel. Obwohl es in der unteren Atmosphäre relativ

76 Während des Abstiegs von Huygens konnten erst ab etwa 22 km Höhe (später als erwartet) brauchbare Aufnahmen der Oberfläche mit dem DISR-System gewonnen werden. Zwar war hier die Atmosphäre immer noch dunstig, doch das erste Mosaik mit Bildern aus diesem Höhenbereich lässt bereits einiges von der Landschaft erkennen.

4 km

△ **77** Aus den DISR-Aufnahmen zwischen 17 und 8 km Höhe wurde dieses Mosaik zusammengestellt, das im Wesentlichen den Anblick aus rund 8 km Höhe wiedergibt. Punktiert ist die Abstiegsbahn der Sonde dargestellt. Die dunklen, fast gradlinigen Gebilde, die sich durch das helle Terrain ziehen, gehören zu einem komplexen Netz von „Kanälen", ausgewaschen von Methan-Regen und -Quellen.

▷ **78** Der Blick auf die Landestelle, markiert mit „x", aus rund 1200 m Höhe. Norden ist im Bild oben. Auch hier wurden wieder Aufnahmen kombiniert und zwar Bilder, aufgenommen zwischen 7 und 0,5 km Höhe. Der „Gebirgskamm" nahe der Bildmitte wird von zahlreichen „Kanälen" durchschnitten.

500 m

dunkel war, etwa ein Prozent der irdischen Tageshelligkeit herrscht hier, betrug die mittlere Belichtungszeit nur 20 Millisekunden und dennoch wirken die Aufnahmen recht kontrastreich. Sehr schnell tauchten Rohversionen aller Bilder im Internet auf, und sofort machte eine Frage die Runde: Warum gibt es keine Aufnahmen unmittelbar vor dem Aufsetzen des Landers, aus nur wenigen oder hundert Meter Höhe über Grund? Die Erklärung reicht weit in die Missionsplanung zurück.

Absolute Priorität sollten die atmosphärischen Messdaten bis an die Oberfläche haben. Nur dann, wenn es eine Lücke zwischen der Übertragung der Telemetrie-Pakete mit diesen Daten gab, war Platz für ein Bild. „Wenn wir gewusst hätten, wie es in der Realität läuft", so ein Mitarbeiter des DISR-Teams, „hätten wir ein ganz anderes Software-Programm für unser Experiment geschrieben, aber wenn man vom Rathaus kommt, ist man bekanntlich immer klüger."

Auch eine andere Frage wurde immer wieder diskutiert. Drei Kameras gab es an Bord von Huygens. Doch man sah nach der Landung nur ein Bild aus einer festen Perspektive. Ein technisches Problem? Auch dafür gibt es eine plausible Erklärung: Nur die seitwärts blickende Kamera konnte den Oberflächen-Schnappschuss gewinnen. Die beiden nach unten schauenden Kameras lieferten – bedingt durch die Lampe der Sonde – ein völlig überbelichtetes und außerhalb des Fokus liegendes, unscharfes Bild.

Doch zurück zu der Sicht aus größerer Höhe: Die Auswertung der Aufnahmen, sie umfassen maximal ein Gebiet von rund 30 Kilometer Durchmesser, gestaltete sich schwierig. Das Problem: Der Sonnensensor, mit dessen Hilfe die räumliche Orientierung jedes einzelnen Bildes eindeutig festgelegt werden sollte, war praktisch ausgefallen. Offensichtlich rotierte Huygens während der frühen Abstiegsphase falsch herum und schwankte dabei stark unter dem Fallschirm, was den Sonnensensor außer Tritt brachte. War es ein technischer Fehler in der Anordnung kleiner Flossen unter der Kapsel oder hatte man die Aerodynamik des Systems Lander und Fallschirm falsch eingeschätzt?

⚠ 79 Das Terrain in der Umgebung der Huygens-Landestelle. Der Ausschnitt umfasst ein Gebiet von 1 x 3 km und zeigt auch die Grenzregion zwischen dem hellen Hochland und den dunkleren Ebenen. Die farbcodierten Höhenunterschiede, Blau für niedrig, Rot für hoch, umreißen einen Bereich von rund 150 m und ein Gefälle von bis zu 30°. Als Basis für diese Computerdarstellung diente das jeweils dazu abgebildete Bilderpaar.

Die exakte räumliche Orientierung ist nur eine der Schwierigkeiten, mit der die Bildbearbeiter fertig werden müssen. So versucht man, etwas von dem „Dunstschleier" wegzurechnen und auch Bildfehler zu eliminieren. Nicht minder schwierig ist es, die einzelnen Bildersets korrekt zu Panoramen zu verbinden. Zwar haben das clevere Amateure schon wenige Stunden nach der Landung anhand der Rohversionen der Bilder versucht und damit zunächst dem DISR-Team und auch der ESA die Schau gestohlen. Doch so eindrucksvoll diese Schnellschüsse waren, sie ersetzen nicht die sorgfältige wissenschaftliche Aufbereitung.

Die Bilder sprechen für sich. Wohin man schaut, überall sind Indizien für das Wirken von flüssigem Methan zu sehen. Da ist ein komplexes Netz dunkler Kanäle, die sich zum Teil zu Flusssystemen vereinen und sich von einem etwa 100 Meter höheren Gelände, das hell und hügelig aussieht, abwärts in eine dunkle Ebene schlängeln. Was sollte da anderes als Methan herabgeflossen sein? Ein einfaches Kreislaufmodell bietet sich an: Das organische Material in der Atmosphäre, der rotbraune Smog, sinkt langsam aber stetig zur Oberfläche ab. Hin und wieder regnet es Methan, vielleicht nur gelegentlich, denkbar ist auch eine Regenzeit. Dieser Niederschlag wäscht nicht nur Smog aus der „Luft" aus, sondern spült auch das dunkle Material in die Ebenen. Das geschieht jedoch nicht vollständig. Auf den Böden der Kanalrinnen bleibt dunkler organischer Schlamm zurück. Das Methan selbst versickert in der Ebene und wird so dem Kreislauf wieder zugeführt. For-

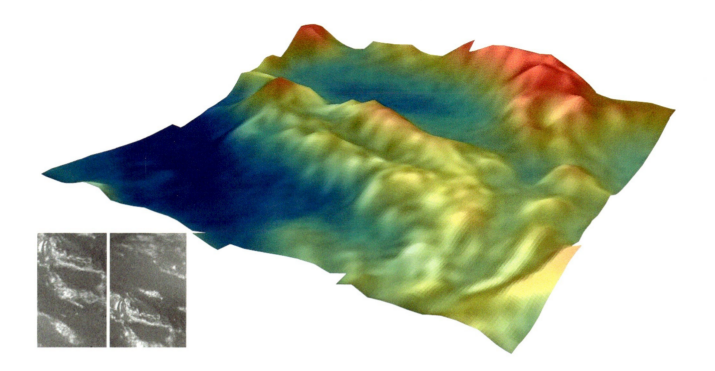

mationen wie tropfenförmige „Inseln" und „Sandbänke" in „Seen" sowie ausgeprägte Küstenlinien sehen praktisch genau so aus wie ihre Gegenstücke auf der Erde. Bis heute gilt uneingeschränkt die Feststellung, die Marty Tomasko, der PI des DISR-Teams, schon kurze Zeit nach der Huygens-Landung getroffen hatte: „Die geologischen Hinweise auf Niederschläge, Erosion, mechanische Abtragungen und andere Fließvorgänge zeigen, dass sich die physikalischen Prozesse, die die Oberfläche von Titan formen, kaum von denen auf der Erde unterscheiden." Spätestens hier muss aber daran erinnert werden, dass diese Schlussfolgerungen nur aus den Beobachtungen

▲ **80** Rund 5 km entfernt von der Huygens-Landestelle liegt dieses Gebiet, in dem zahlreiche helle Strukturen in den dunklen Ebenen zu erkennen sind. Die Kämme im Zentrum der 2,5 x 2,5 km großen Region sind ungefähr 50 m hoch. Die Effekte von strömenden Flüssigkeiten wie Erosion und „Abflussgräben" haben zweifellos diese Landschaft geprägt.

John Zarnecki

John Zarnecki, verantwortlich für das SSP-Experiment an Bord von Huygens, wurde in London geboren und wuchs in der Metropole auch auf. Er studierte Physik in Cambridge und promovierte schließlich über Röntgen-Astronomie in London.

18 Jahre arbeitete Zarnecki in der Weltraumgruppe der Universität von Kent in Canterbury, bis er 2000 einen Ruf an die Open Unversity in Milton Keynes annahm. Seine Leidenschaft gilt dem Bau von Experimenten, so z. B. auch für die fehlgeschlagene Marssonde Beagle. Er nahm mit einem sehr kleinen Team seit 1990 erheblichen Einfluss auf die Entwicklung des Gerätekomplexes für den Huygens-Lander, wobei er von Anfang an darauf bestand, ihn so auszulegen, dass er auch sicher in einem Methan-Ozean auf Titan niedergehen konnte. Ein weiteres Experiment von John Zarnecki ist inzwischen auf eine lange Reise gegangen. Es fliegt in der ESA-Mission Rosetta einem Kometen entgegen, auf dem 2014 ein anderer Lander seine Arbeit aufnehmen soll.

eines winzigen Ausschnitts der Titanoberfläche abgeleitet wurden. Sind sie wirklich repräsentativ für den Mond als Ganzes?

Die Position des Landers ist nun zwar annähernd, aber nicht exakt bekannt. Der Cassini-Vorbeiflug am 28. Oktober 2005 hat die Region, in der Huygens aufsetzte, mit dem Experiment ISS näher untersucht. Auch ein Radarbild des Areals liegt jetzt vor. Untypisch scheint das Gebiet nicht zu sein. Es bedarf jedoch ausführlicherer Inspektionen bei zukünftigen nahen Passagen von Titan, um genau jenen Punkt auszumachen, an dem der Lander niedergegangen ist.

Saturn und Titan – wie geht es weiter?

Offiziell läuft die Cassini-Mission bis zum 30. Juni 2008. Sollten alle Bordsysteme dann noch funktionieren, ist mit einer Verlängerung zu rechnen. Doch das endgültige Schicksal von Cassini ist bereits festgelegt: Man wird ihn, wenn er ausgedient hat oder der NASA das Geld ausgeht, auf Kollisionskurs mit Saturn bringen und dabei versuchen, bis zum letzten Atemzug so viele Daten zu gewinnen, wie es nur geht. Bis es aber soweit ist, wird der Schwerpunkt weiterhin Titan sein. Insgesamt 45 nahe Vorbeiflüge werden unser Wissen über diesen Mond beträchtlich erweitern – vielleicht aber auch mehr Fragen aufwerfen als beantworten.

Seit einigen Jahren schon diskutiert man Möglichkeiten, Titan in einem Unternehmen „vor Ort" zu erkunden. Cassini-Huygens hat die Sinnhaftigkeit dieser Überlegungen nachdrücklich unterstrichen. Mobilität ist gefragt. Einer der energischsten Verfechter einer solchen Mission ist der Engländer Ralph Lorenz, intensiv auch beteiligt am derzeitigen NASA-ESA-Unternehmen. Seine Idee: Die Untersuchung der Oberfläche aus der Luft, denn grundsätzlich stellt das Fliegen in der dichten Atmosphäre von Titan kein Problem dar. Die einfachste Version wäre eine Ballonplattform mit einer wissenschaftlichen Nutzlast. Solche so genannten Aerobots sind theoretisch und praktisch vor allem für die Anwendung in der Planetenerkundung ausführlich untersucht worden. Die Palette der Einsatzmöglichkeiten ist breit. Ein Aerobot, der aus größerer Höhe die Atmosphäre sondiert und mit diversen Sensoren Fernerkundung der Oberfläche betreibt, wäre die einfachste Version. Um eine Größenordnung schwieriger dürften das „Parken" über einem besonders interessanten Gebiet und die Entnahme einer Bodenprobe zur automatischen Untersuchung an Bord sein, das alles autonom gesteuert. Im Fall von Titan haben wir es mit Temperaturen um −180 °C zu tun, die bei einem Unternehmen von mehreren Monaten und länger bisher nicht gekannte Anforderungen an Material und Technik stellen. Ein gewisses Risiko geht auch von den meteorologischen Verhältnissen in der unteren Atmosphäre aus, die wir durch Huygens erst stichprobenartig kennen.

Das perfekte Forschungsgerät wäre, so Lorenz, ein ferngesteuerter Helikopter. Mit ihm könnte man die Vorzüge der höheren Luftdichte und der geringeren Schwerkraft, sie beträgt nur 14 Prozent der irdischen, optimal nutzen. Ein Hubschrauber von gegebener Masse und Rotordurchmesser würde auf Titan mit einem Bruchteil jener Energie fliegen können, die er dafür auf der Erde braucht. Ein 100 Kilogramm schwerer Helikopter benötigt zum Antrieb kaum mehr als 400 bis 700 Watt, wobei sich Lorenz vorstellt, dass er in Etappen eingesetzt wird, rund 200 Kilometer pro Titan-Tag zurücklegt. Mit 15 Kilogramm wissenschaftlicher Nutzlast bestückt, könnte er über Jahre den Mond erkunden.

⚠ 81 Aerostaten in der Atmosphäre von Titan. So sieht der Künstler die Langzeiterkundung des Mondes mittels eines „Luftschiffs" als Instrumententräger. Allerdings ist er hier noch von einer mit Methan-Ozeanen bedeckten Oberfläche ausgegangen.

Auch über Rover hat man nachgedacht, vor allem nachdem sich Spirit und Opportunity auf der Oberfläche des Erdennachbarn Mars als unverwüstliche und extrem ergiebige Forschungsgeräte erwiesen haben. Doch Titan ist nicht der Mars. Seine feuchte Oberfläche könnte tückisch sein. Die Sonne steht als Energielieferant nicht zur Verfügung. Energie – und das trifft

Ralph Lorenz

Wenn sich jemand als ausgewiesener und weitsichtiger Titan-Experte bezeichnen kann, ist es Ralph Lorenz. Am 24.8.1969 in Schottland geboren, studierte er an der Universität von Kent in Canterbury Weltraumwissenschaften und promovierte dort im November 1994. Es war damit geradezu unvermeidlich, dass Lorenz mit John Zarnecki und Huygens „zusammenstieß". Er baute übrigens kräftig am Penetrometer, dem Kontaktfühler der Sonde mit. Die nächste Station war die Universität von Arizona, wo er als

PostDoc mit einem anderen „Titanfan", mit Jonathan Lunine, weiter über den Saturnmond arbeitete.

2002 legte Lorenz mit Jacqueline Milton als Co-Autorin das Buch Lifting Titan's Veil vor. Viele seiner dort geäußerten Überlegungen haben sich im Licht von Cassini-Huygens als erstaunlich zutreffend erwiesen. Von Tucson, vom Lunar and Planetary Laboratory der Universität von Arizona aus, wird er auch weiterhin nach Wegen sinnen, Titan „vor Ort" untersuchen zu können.

auf alle Systeme zu, die gerade angesprochen wurden – muss von der Erde mitgebracht werden. Dafür bieten sich nur RTGs, also Radio-Isotopen-Generatoren, an. Ein weiterer Faktor: Wie sieht es mit der Kommunikation aus? Ein direkter Link zur Erde mit einer vernünftigen Datenrate erfordert eine Antenne von mindestens einem Meter Durchmesser. Cassinis Hauptantenne, wir erinnern uns, ist vier Meter groß. Ohne einen Relais-Satelliten im Orbit von Titan als Funkbrücke zur Erde geht es einfach nicht. Bei genauerer Betrachtung entpuppt sich eine solche Detailerkundung als doch recht aufwändige und anspruchsvolle Mission. Sie kann ohnehin erst

ernsthaft in Angriff genommen werden, wenn Probleme wie die Navigation auf Titan oder die Fernsteuerung der mobilen Späher gelöst sind, denn hier steckt der Teufel wirklich im Detail. Die Vorbereitung dieses Unternehmens, wenn es denn auch wissenschaftlich und politisch gewollt ist, plus Reisezeit zum Saturn dürfte einen Zeitraum in der Größenordnung von 10 bis 12 Jahren umspannen, und das ist eine sehr optimistische Annahme.

Vor 2018 wird die Titanoberfläche wohl kaum von Helikoptern oder Aerobots inspiziert werden. Sollte aber in ferner Zukunft der Traum nicht nur der Science-Fiction-Autoren Realität werden, dass der Mensch selbst über den Mars hinaus ins Sonnensystem vorstößt, wird Titan ganz oben auf der Liste der attraktiven Reiseziele zu finden sein.

▲ 82 Ein weiterer Blick in die Zukunft der Titanerkundung. Ein Rover, ein mobiles Forschungslabor, rollt über die eisige und stellenweise „feuchte" Oberfläche. In der dichten Atmosphäre treibt eine Messsonde. Bis es so weit ist, dürften vermutlich noch zwei Jahrzehnte ins Land gehen.

Glossar

Absorptionsbanden Ein Ausschnitt im Spektrum, innerhalb dessen die Strahlungsintensität geringer ist als in den benachbarten Bereichen. Daher erscheint dieser Ausschnitt dunkel. Die Wellenlängen dieser Banden vermitteln Informationen über die chemischen Substanzen, die sie verursachen, und auch über physikalische Zustände.

Altimeter Ein Höhenmesser. In der Raumfahrt misst man die Laufzeit eines ausgesendeten Radar- oder Lasersignals und kann somit die Distanz zwischen der Signalquelle und der reflektierenden Oberfläche bestimmen.

Antennen Bei interplanetaren Distanzen benutzt man zur Datenübertragung Frequenzen im Dezi- und Zentimeterbereich. Dazu kommen Parabolantennen („Schüsseln") zum Einsatz, die das Signal sehr stark bündeln und relativ präzise in Richtung Erde zeigen müssen. Zusätzlich sind die Raumsonden mit so genannten „low gain"-Antennen ausgestattet, die zwar eine schwächere Leistung produzieren, aber durch ihre nur geringe Richtstrahlwirkung keine genaue Positionierung der Sonde in Bezug auf die Erde erforderlich machen.

Bandpassfilter Ein Filter, das nur einen eng definierten Bereich des Spektrums passieren lässt. So kann man mit einem solchen Filter, das nur für eine bestimmte Spektrallinie (z. B. von Methan) durchlässig ist, bestimmte Strukturen in der Atmosphäre von Saturn hervorheben.

Bugschock Wenn der von der Sonne mit Überschallgeschwindigkeit wegströmende Sonnenwind auf die Plasmahüllen der Planeten trifft, entstehen Stoßfronten: Bugschocks, deshalb so genannt, weil sie der Bugwelle eines fahrenden Schiffes ähneln.

Cassegrain-Teleskop Ein Spiegelteleskop, in dem der Sekundärspiegel konvex ist und das Lichtbündel wieder auf den Hauptspiegel reflektiert. Neben dem Vorzug der Verdopplung der Brennweite kann der Lichtstrahl durch eine Durchbohrung des Hauptspiegels so zurückgeführt werden, dass vom Fernrohrende her beobachtet werden kann.

CCD-Array Das „Charge-coupled Device", abgekürzt CCD, ist ein elektronischer Flächensensor zur Bildaufnahme, der auch in Camcordern und Digitalkameras zu finden ist.

Deep Space Network (DSN) Ein Netz von Sende- und Empfangsstationen der amerikanischen Raumfahrtbehörde NASA für die Kommunikation mit Raumsonden über Antennen in den USA, Spanien und Australien.

Dielektrizitätskonstante Eine materialspezifische physikalische Größe, die bei Cassini-Huygens zur Identifizierung bestimmter Stoffe genutzt werden sollte.

Doppler-Effekt Scheinbare Änderung der Wellenlänge oder Frequenz einer Signalquelle, z. B. Licht, die sich relativ zum Beobachter in Bewegung befindet. Nähert sich die Quelle, ist die Wellenlänge scheinbar kürzer, sie ist (Licht) nach Blau verschoben. Entfernt sie sich, beobachtet man eine Verschiebung nach Rot. Ein ähnlicher Effekt ist z. B. bei der Tonhöhenänderung einer vorbeifahrenden Feuerwehrsirene zu beobachten.

Dynamotheorie Sie erklärt durch das Fließen elektrischer Ströme im Inneren der Erde und anderer Planeten die Entstehung des Magnetfeldes und dessen zeitliche Veränderungen.

Exzentrizität Ein Maß für die Abweichung einer

Ellipse von der Kreisform: Eine E. von Null bedeutet einen Kreis, ein Wert von Eins eine Parabel.

Gravitationswellen Im Vakuum sich mit Lichtgeschwindigkeit ausbreitende wellenförmige Störungen des Gravitationsfeldes. Sie sollen bei zahlreichen astrophysikalischen Prozessen auftreten, doch konnten sie bisher noch nicht nachgewiesen werden.

Ionosphäre Örtlich und zeitlich stark variable elektrisch leitende Schichten in der Hochatmosphäre. Die Ionisation der Atome und Moleküle erfolgt primär durch die UV-Strahlung und die weiche Röntgenstrahlung der Sonne. In größerer Sonnenentfernung trägt auch die Kosmische Strahlung hierzu bei.

JPL Jet Propulsion Laboratory Eine der großen NASA-Institutionen in Pasadena (Kalifornien). Sie kontrolliert nicht nur die meisten Planetenmissionen, sondern ist auch ein Zentrum für eine umfangreiche Hardware- und Sonden-Entwicklung.

Käfigmoleküle (Clathrate) Moleküle, die ein käfigartiges Kristallgitter besitzen, in den leichte Moleküle wie z. B. Methan, Schwefeldioxid, Acetylen oder Kohlendioxid eingelagert werden können. Eine besondere Art von K. sind die Eishydrate oder Gashydrate, wo das Gas in die beim Gefrieren von Wasser entstehenden Hohlräume eingeschlossen wird. Ein Beispiel dafür sind die Methangasfelder in Sibirien.

Koorbital Auf derselben Umlaufbahn laufend.

Librationspunkte Fünf Punkte im Raum, an denen sich ein sehr kleiner Körper im Gleichgewicht mit den Bahnen zweier großer Körper befinden kann.

Mach Maßeinheit der Schallgeschwindigkeit. So bedeutet z. B. 20 Mach, dass das Objekt mit 20-facher Schallgeschwindigkeit fliegt.

Magnetosphäre Die von einem Magnetfeld ausgefüllte und beherrschte Region um einen Planeten, deren Grenzen durch die Wechselwirkung mit dem Sonnenwind bestimmt werden. Sie enthält Elektronen, Protonen und Ionen anderer Elemente.

Plasma-Torus Eine wulstförmige Wolke aus ionisiertem Gas (Plasma), produziert durch den Vulkanismus von Io, die der Mond bei der Umrundung Jupiters hinter sich herzieht und die bis zur Bahn des Mondes Europa reichen kann.

Rayleigh-Streuung Eine nach allen Richtungen erfolgende Ablenkung einer Wellenstrahlung, z. B. Licht, an Teilchen, die kleiner sind als die Wellenlänge der auftreffenden Strahlung. Da der Effekt zu kurzen Wellenlängen hin deutlich zunimmt, wird das blaue Sonnenlicht in der Atmosphäre stärker gestreut als der rote Anteil. So kommt das Himmelsblau zustande.

Randverdunklung Helligkeitsabnahme eines Himmelskörpers von der Mitte zum Rand hin. So ist z. B. die Sonne im Bereich des sichtbaren Lichts in der Mitte heller als am Rand, weil man in tiefere, heißere Schichten sieht.

RTG Abkürzung für Radioisotope Thermoelectric Generator. Aggregat zur Energie-Erzeugung durch die Umwandlung der Zerfallswärme radioaktiver Isotope in elektrischen Strom.

Resonanztheorie Sie beschreibt einen Gravitationseffekt, der auftritt, wenn die Umlaufperiode eines Objekts ein genauer Bruchteil der Umlaufperiode eines größeren Nachbarn ist. Dadurch entsteht eine Wirkung auf den kleineren Himmelskörper, wodurch seine Umlaufbahn allmählich so lange verändert wird, bis dieses Verhältnis, die so genannte Kommensurabiltät, nicht mehr besteht.

Scherwinde Durch den Boden umgeleitete Auf- und Abwinde, die als Böen in Erscheinung treten. Ursache sind deutliche Luftdruckunterschiede, bei denen die Windbewegung als Ausgleich fungiert.

Sonnenwind Eine von der Sonne ausgehende Teilchenstrahlung, im Wesentlichen aus Protonen und Elektronen bestehend, deren Geschwindigkeit zwischen 200 und 1000 km/s variieren kann.

Sternbedeckung Bei der Bewegung von Planeten und Asteroiden in ihrer Umlaufbahn bleibt es nicht aus, dass sie gelegentlich einen Fixstern bedecken. Registriert man dieses Phänomen mit hoher Zeitauflösung, lassen sich Informationen über die Größe des „Bedeckers", die Struktur einer Atmosphäre oder im Fall der Saturnringe Details der Feinstruktur gewinnen.

Tropopause Die Obergrenze der Troposphäre, charakterisiert durch eine sprunghafte Änderung des vertikalen Temperaturgradienten.

Troposphäre Das unterste Stockwerk der Atmosphäre, in dem sich die Wettervorgänge abspielen.

BILDNACHWEIS

akg–images: 1, 3, 6, 7, 8
Ronald L. Bennett: 82
Kevin Dawson: 73
ESA: 43, 71, 72
ESA/C. Carreau: 70
ESA/D. Ducros: 68
ESA/NASA/JPL/ University of Arizona/USGS: 79, 80
ESA/NASA/University of Arizona: 74, 75, 76, 77, 78
Image Courtesy of NRAO/AUI: 69
Calvin Hamilton: 27
NASA/ESA: 29, 30, 33
NASA/JPL: 10, 15, 19, 20, 21, 22, 23, 24, 31, 32, 35, 39, 40, 41, 42, 57, 64

NASA/JPL/GSFC/Ames: 61
NASA/SP 446: 16, 17, 18
NASA/JPL/SSI: 34 (2x), 36, 37, 38, 45, 46, 47, 48, 49, 50, 51, 52, 53, 54, 55, 59, 62, 63, 65, 66, außerdem: Saturnbild auf den Kapitelaufmacherseiten
NASA/JPL/University of Colorado: 60
NASA/JPL/University of Arizona: 56
NASA/STScI: 2, 12, 14, 25, 26, 67
Mount Palomar Observatory: 11
Observatoire Pic Du Midi: 13
Picture Alliance/Magno/Sohostal Archive: 9
Joachim Schreiber, Seeheim, Grafik nach Systema Saturnium: 4
University of Michigan: 28